KB245858

기본 원리를 완전 분석한

자바스크립트 정규 표현식

Regular Expression
with JavaScript

김영보 지음

예전에는 정규 표현식을 만나면 피하거나 돌아서 갔다. 그런 날들이 이어지면서 가슴 어딘가에 응어리가 남는 것을 느끼며 이건 아니라고 혼잣말을 되뇌었지만 그런 모습은 계속되었다. 답답한 시간들이 흐른 후 정규 표현식에 대해 자신감을 갖게 된 날부터 보다 더 적극적으로 개발에 임할 수 있게 되었다. 이 책은 바로 이런 필자의 어려웠던 과거 경험을 바탕으로 썼다.

▶ 자바스크립트 정규 표현식의 중심

이 책은 자바스크립트의 정규 표현식을 중점적으로 다룬다. 정규 표현식은 자바스크립트 이외의 다른 언어에서도 지원하지만 언어마다 조금씩 차이가 있다. 물론 전체를 망라하여 포괄적으로 다루면 좋겠지만 이는 전문성이 떨어지므로 자칫 잘못하면 남는 것이 없게 된다.

필자의 오랜 경험에 의하면 하나라도 완전하게 접근해야 한다. 그래야 내 것이 되고 실전에 적용할 수 있다. 어설프게 접근하면 이도 저도 아닌 허사가 되고 만다. 점(.) 하나만 잘못 찍어도 다르게 구현되는 것이 프로그램(program)이다. 특히 문장이 아닌 기호 중심으로 구성된 정규 표현식은 더욱 세심한 전문성이 요구된다. 이런 이유로 이 책에서는 자바스크립트의 정규 표현식만 집중적으로 다루었다.

▶ 문자열 처리에 최적

자바스크립트 애플리케이션(application)에서 정규 표현식은 약방의 감초다. 그렇게 두드러지게 표시가 나지는 않지만 정규 표현식이 없으면 어딘가 부족함을 느낀다. 특히 문자열을 처리할 때 필요성을 절실하게 느낀다. 복잡하게 작성할 코드를 단 몇 줄로 끝낼 수 있으며 때로는 정규 표현식이 아니면 구현할 수 없는 문자열도 있기 때문이다. 값을 검색하고 일치된 값을 지정한 값으로 바꾸는 것은 정규 표현식의 백미이며 아름다움의 극치다.

▶ 선행 필요 지식

일단 이 책을 읽는 독자는 자바스크립트의 기본 문법을 이해하고 있어야 한다. 만약 독자가 자바스크립트를 전혀 모른다면 이 책을 보기 전에 자바스크립트 책을 먼저 볼 것을 권한다. 정규 표현식은 그 자체로도 실행되지만 자바스크립트와 같이 사용하면 더욱 완전한 형태가 된다.

이 책에서는 정규 표현식과 관련된 자바스크립트를 약간 다루고 있는데, 정규 표현식을 더 명확하게 설명하기 위해 자바스크립트 코드를 포함시켰다. 정규 표현식을 다루려면 어쩔 수 없이 자바스크립트가 동반되어야 한다. 정규 표현식은 독립된 클래스(Class)이지만 이를 실질적으로 사용하는 클래스는 String(문자열) 클래스이며 자바스크립트는 정규 표현식만 단독으로 다룰 수 없는 구조로 되어 있기 때문이다.

▶ 예제 분류

예제를 되도록 간단하게 하려고 노력했다. 필자의 경험에서 볼 때 코드를 길게 작성하면 그냥 넘어가고 싶은 충동이 일어날 수도 있기 때문이다. 따라서 기본 사항을 중심으로 간단하게 하면서 다양한 각도에서 예제를 다루었다.

기본 사항을 다룬 후에 몇 개의 정규 표현식이 포함된 실제 사용 가능한 코드를 제시하였으며 이를 설명하고 분석하였다. 각 장에서 다룬 내용이 기본 단계라고 한다면 이는 중간 단계에 속한다. 맨 끝의 10장은 마지막 단계로 정규 표현식과 자바스크립트를 통합한 실제로 사용할 수 있는 코드를 중점적으로 게재하고 이를 설명, 분석하였다. 즉 3단계로 나누어 접근하였다.

▶ **기본이 중요**

정규 표현식은 디버깅이 어렵다. 자바스크립트로 작성한 코드는 단계마다 결과를 볼 수 있는 방법이 있지만 정규 표현식은 과정이 아닌 결과밖에 볼 수 없으므로 디버깅이 어렵다. 정규 표현식을 분리하는 것이 유일한 방법이지만 때로는 분리하지 못하는 형태도 있다.

이에 대처하기 위한 가장 근본적인 해결 방법은 기초, 기본을 튼튼하게 하는 것이다. 우선 간단한 것부터 접근해서 기본 사항을 이해하고, 점진적으로 어려운 것에 접근해야 스트레스를 받지 않으면서 실력을 향상시킬 수 있다.

책을 한 페이지씩 넘기면서 기본을 탄탄하게 잡아가면 조금씩 자신감이 생길 것이다. 예제가 간단하므로 직접 작성해 보면서 기본을 이해하고 내 것으로 만든다면, 마지막 페이지를 넘길 때 어렵기만 한 정규 표현식에 자신감을 갖게 될 것으로 확신한다.

이 책의 구성

이 책은 총 10장으로 구성되어 있으며 각 장의 주요 내용은 다음과 같다. 이처럼 상세하게 장을 나눈 것은 정규 표현식 패턴 문자 하나하나가 기능을 갖고 있으므로 이에 집중하기 위함이다. 슬슬 넘겨가면서 보는 형태가 아니라 세밀하게 분석하는 형태이기 때문이다.

1장

정규 표현식의 가장 기본적인 형태를 통해 정규 표현식의 3대 요소와 자바스크립트에서 정규 표현식의 역할을 알아본다. 이 책의 예제를 실행하기 위한 환경과 본문의 기준 형태가 작성되어 있다.

모든 언어는 나름대로 작성 방법이 있으며 정규 표현식 또한 작성 방법이 있으므로 이를 작성하는 방법을 알아본다. 정규 표현식 메커니즘과 자바스크립트 메커니즘을 비교하여 차이점을 정리하였다. 객체지향 관점에서 보면 함수와 메소드는 차이가 있다. 무엇에 차이가 있는지, 정규 표현식에서 사용하는 메소드와 클래스를 알아본다.

2장

정규 표현식에서 가장 단순한 형태는 문자열로 매치하는 형태다. 이를 통해 정규 표현식을 매치하는 기본 형태와 매치되었을 때 반환되는 형태를 알아본다. 정규 표현식에서 자주 사용하는 대체(|), 앞뒤 문자에 매치하는 점(.), 공백 문자, 줄 분리자를 살펴본다.

3장

자바스크립트의 정규 표현식과 다른 언어의 정규 표현식이 다른 점은 메소드다. 또한 자바스크립트 정규 표현식은 메소드에 따라 매치 결과가 달라진다. 따라서 자바스크립트로 정규 표현식을 구현하려면 반드시 메소드를 이해해야 한다. 자바스크립트에 익숙한 독자라면 익히 알고 있는 메소드이지만 정규 표현식 중심으로 살펴 볼 필요가 있다.

4장

매치할 위치를 지정하여 매치할 수 있다. 이 장부터 본격적으로 정규 표현식 패턴 중심으로 접어든다. 문자열 처음부터 매치(^), 문자열 끝에 매치($), 단어 경계 매치(\b), 63개 문자 매치(\B)가 이에 속한다.

5장

매치 수를 지정하여 매치할 수 있다. 매치 수에 관계없이 모두를 매치하는 패턴, 범위를 지정하여 매치하는 패턴, 욕심 없는 매치를 행하는 패턴을 알아본다. *, +, ?, {숫자}{숫자,}, {숫자,숫자}, *?, +?, ??와 같은 패턴 문자가 이에 해당된다.

6장

범위 또는 집합을 지정하여 매치할 수 있다. 집합에 지정한 문자 단위로 매치하고 패턴 문자를 일반 문자로 인식하는 대괄호[ ], 63개 이외 문자에 매치하는 [\b], 매치 구간을 지정하는 하이픈(-), 지정한 문자를 제외하고 매치하는 [^]에 대해 알아본다. CSS 프로퍼티 이름을 변경하는 사례와 스크립트 형태에서 텍스트를 추출하는 사례를 분석한다.

7장

역슬래시(\)에 연이어 문자를 작성한 형태를 이스케이프 문자 클래스라고 하며 이는 특수한 기능을 갖는다. 일반 문자로 인식하는 \^, 숫자만 매치하는 \d, 숫자 이외에 매치하는 \D, 보이지 않는 문자에 매치하는 \s, 보이는 문자에 매치하는 \S, 63개 문자에 매치하는 \w, 63개 이외 문자에 매치하는 \W, 유니코드에 매치하는 \u, 16진수 값으로 매치하는 \x, 제어 문자를 매치하는 \c에 대해 알아본다. 공백을 체크하는 패턴 사례, 문자열 앞뒤의 공백을 삭제하는 사례, E-Mail 주소를 체크하는 사례를 분석한다.

8장

정규 표현식에서 가장 돋보이는 패턴 문자를 꼽는다면 괄호( )라고 할 수 있다. 매치 결과를 캡처하는 ( ), 캡처하지 않는 (?:), 전방에 매치하는 (?=), 전방 부정에 매치하는 (?!)가 이에 속한다. 다수의 괄호를 사용하면서 괄호 안에 패턴을 작성했을 때 어려움이 가중되지만 그만큼 탁월하게 기능을 구사할 수 있다.

백래퍼런스인 \ 숫자 형태, 캡처된 값을 참조하는 RegExp.$숫자 형태를 사용해서 괄호( )로 캡처한 값을 참조할 수 있다. 괄호( )와 대체(|) 패턴 문자가 어울린 사례를 통해 최대로 매치하려는 정규 표현식의 메커니즘을 다룬다. 캡처된 값을 활용하여 숫자와 숫자 사이에 콤마를 삽입하는 사례를 분석한다.

9장

자바스크립트는 RegExp 클래스를 통해 정규 표현식을 구현하며 이 클래스에는 두 개의 메소드가 있다. RegExp가 클래스이므로 이를 인스턴스로 생성할 수 있으며 이에 속한 메소드를 호출할 수 있다. 또한 인스턴스에서 제공하는 프로퍼티를 사용할 수 있다.

10장

정규 표현식을 활용하는 사례 중심으로 자바스크립트와 정규 표현식을 설명하고 분석한다. 사례 코드는 필자가 개발한 자바스크립트 라이브러리인 MethodChain에서 발췌한 것으로 즉시 사용할 수 있다. 아울러 역동적으로 정규 표현식 패턴을 만들어 사용하는 개념을 다룬다.

실행 기준 브라우저

이 책의 예제는 다음과 같은 브라우저에 실행했다. 정규 표현식 몇몇 기능에 크로스 브라우저 문제가 있다.

- IE 7.0
- Firefox 3.0.5
- Chrome 3.0
- Safari 3.2.1
- Opera 10.10

소스 코드와 정오표

이 책에 포함된 소스 코드는 예제를 제시하여 설명하기 위함이다. 이를 독자의 소프트웨어에 적용하여 발생하는 문제에 대해서는 필자가 책임을 지지 않는다. 또한 소스 코드 자체를 판매하거나 다른 책에 포함시키는 것과 같은 상업적인 목적에 사용할 수 없다.

이 책을 출판한 후 발견된 정오표는 필자가 운영하는 카페(http://cafe.naver.com/requirements.cafe)에 게재할 것이며 이 책의 내용에 대한 문의도 카페를 이용할 수 있다.

감사의 글

이 책이 출판되기까지 수고해주신 모든 분들께 감사드린다. 20년 넘는 개발 경력에서 나오는 꼼꼼함과 섬세함으로 베타 리딩을 해준 명미금 님에게 감사드린다. 또 독자 중심의 책이 되도록 열과 성의를 다해주신 도서출판 ITC의 최규학 사장님, 고광노 실장님에게 감사드린다. 많은 나날들을 같이 살아온 아내, 나름대로 미래를 개척해가는 희주와 현주에게 사랑한다는 말을 전하고 싶다.

2010년 새 봄
김 영 보

1979년 주)코오롱 전산실에 입사한 후 31년 동안 오직 소프트웨어만 개발해 온 옹고집 베테랑 개발자이며 분석가다. 수많은 프로젝트를 수행했으며 산전수전 다 겪은 역전 노장이다. 이런 노하우를 바탕으로 자바스크립트 라이브러리인 MethodChain을 개발, 발표하였으며 지속적으로 발전시켜 나가고 있다. MethodChain은 http://www.methodchain.com에서 만날 수 있으며 라이브러리 소스 파일을 다운받을 수도 있다.

그에게 있어 소프트웨어 개발은 삶 자체다. 한시도 노트북 앞을 떠나지 않는다. 그에게는 소프트웨어 개발의 매 순간순간이 행복인 것 같다. 그는 스포츠를 매우 좋아한다. 때로는 경기장을 찾아 목소리 높여 응원하기도 한다.

[저서]

- Ajax DOM 스크립팅, 2008.05, 도서출판 ITC
- Ajax prototype.js: 프로토타입 완전분석, 2007.03, 위키북스
- Ajax 활용, 2006.04, 가메 출판사
- 요구분석을 위한 Event Process 모델링, 2005.11, 가메 출판사

[E-Mail] tonextday@gmail.com

[카페] http://cafe.naver.com/requirements.cafe

차 례

Chapter 5 수량자

Chapter 6 문자 클래스

Chapter 9 RegExp 클래스

Chapter 10 정규 표현식 활용

정규 표현식의 개요

정규 표현식(Regular Expression)은 문자열을 대상으로 조건을 지정하여 검색/치환/검사를 실행한다. 너무도 간단하지만 이것이 정규 표현식의 범위다. 대상, 조건, 실행이 정규 표현식의 3대 요소다.

<대상>은 검색/치환/검사의 대상이 되는 문자열 값으로, 문자열을 직접 지정하든 함수를 호출하여 반환 값을 사용하든 최종적으로 문자열 형태여야 한다. 한편 문자열 형태는 String 클래스와 같은 다른 클래스에서도 사용하므로 정규 표현식에 한정된 것은 아니다. 즉 자바스크립트에서 공통으로 사용하는 형태다.

정규 표현식의 3대 요소에서 대상을 제외하면 조건과 실행이 남는다. 결국 정규 표현식을 배운다는 것은 '조건과 실행을 배우는 것'이라고 할 수 있다.

조금 더 범위를 좁혀보면 <실행>은 대상에 조건을 적용하여 검색/치환/검사를 행하는 메소드(Method)를 의미하며, 정규 표현식과 관련된 메소드는 여섯 개가 있다. 메소드 이름도 직관적이어서 쉽게 이해할 수 있다.

정규 표현식의 3대 요소에서 실행을 제외하면 <조건>이 남는다. 정규 표현식의 중심은 조건이라고 해도 지나침이 없다. 그런데 조건을 구성하는 문자 하나마다 의미와 기능을 갖고 있으므로 세심하게 접근해야 한다. 문자와 문자가 연결되면 더욱 복잡하게 기능을 발휘하게 되므로 더 집중해야 한다.

1.1 첫 만남

우선 만났으니 인사부터 해보자.

```
■ '안녕하세요'.match(/안녕하세요/);
```

위 코드는 가장 일반적인 정규 표현식 형태로 이를 실행하면 '안녕하세요'가 반환된다. 이것으로 인사를 대신한다.

```
■ '안녕하세요'.match(/안녕/);
```

조금 친한 척하려면 위와 같은 형태로 작성하면 된다. 이를 실행하면 '안녕'이 반환된다.

```
■ /안녕하세요/.exec('안녕하세요');
```

또 다른 정규 표현식 형태로 인사할 수도 있다. 이를 실행하면 '안녕하세요'가 반환된다. 인사를 두 번 했으니 조금 더 친해진 것 같다.

```
■ /안녕하세요/.exec('안녕');
```

또 다른 정규 표현식 형태로 아주 친한 척하고 있다. 그런데 이를 실행하면 null이 반환된다. 친한 척하려다 안녕하지 못한 꼴이 되었다. 안녕하지 못한 원인이 무엇인지, 어떻게 하면 친하게 될 수 있는지, 이 책은 이를 다룬다. 책을 통해 독자와 정규 표현식이 한층 친해졌으면 하는 바람이다.

정규 표현식은 지정한 조건(/안녕/)으로 대상 문자열('안녕하세요')을 검색(match/exec)하고 치환하며 검사한다. 검색은 결과를 반환하고, 치환은 값을 바꾸며, 검사는 true/false를 반환한다. 이것이 정규 표현식의 전부다.

1.2 정규 표현식의 3대 요소

정규 표현식을 '정규 표현' 또는 '표현식'이라고도 한다. 이 책은 '정규 표현식'으로 용어를 통일하며 약자로 RegExp로 표기한다. 간단한 정규 표현식 형태를 통해 정규 표현식의 3대 요소를 조금 더 자세하게 살펴 본다.

```
'sports_swim'.match(/swim/);
```

위 코드를 실행하면 swim이 반환된다. 이 형태는 sports_swim, 점(.), match( ), /swim/으로 나눌 수 있다. 이 형태는 'sports_swim' 값을 가진 문자열에 'swim'이 있으면 이를 반환하라는 뜻이다. 여기서 'sports_swim'이 대상이고 'swim'이 조건이며 match( )가 실행이다.

'sports_swim'은 문자열로 필요에 따라 값이 바뀌지만 대상이 없어지는 것은 아니다. 숫자 형태로 지정하면 오류가 나므로 문자열로 변경해야 하는 번거로움은 있지만 항상 대상을 지정해야 한다.

match( ) 메소드는 대상 문자열 값에서 조건에 지정한 값이 있으면 이를 반환하고 없으면 null을 반환한다. 자바스크립트 정규 표현식에는 이와 같이 실행을 위한 메소드가 여섯 개 있다. 값을 검색하고, 바꾸고, 검사하는 메소드다.

▶ 조건이 가장 핵심

마지막으로 정규 표현식의 주인공이나 다름 없는 조건이다. /swim/과 같은 형태로 지정하면 swim 문자를 기준으로 검색, 변경, 검사를 행한다. /^s/와 같이 지정하면 대상 문자열의 첫 문자를 기준으로 검색, 변경, 검사를 행한다. 이외에도 다양하게 조건을 지정할 수 있다. 정규 표현식을 배우는 것은 조건을 배우는 것이라고 할 수 있다. 물론 조건이 전부는 아니지만 정규 표현식의 핵심인 것은 틀림 없다.

정규 표현식에서 가장 많은 부분을 차지하는 것은 조건이다. 첫 문자를 기준으로 검색하는 조건, 마지막 문자를 기준으로 검색하는 조건, 범위를 지정하여 검색하는 조건 등 조건 지정이 대부분이다.

한편 이런 조건을 거의 기호로 지정하게 되는데, ^, $, [ ], ( )와 같이 기호를 사용해서 조건을 지정한다. 처음 정규 표현식을 접하게 되면 이런 기호가 쉽게 눈에 들어 오지 않는다. 물론 이는 정규 표현식뿐만 아니라 자바스크립트도 그렇고 DOM이나 CSS는 물론 HTML도 마찬가지다.

▶ 자주 봐야 한다

그런데도 유난히 정규 표현식이 낯설게 느껴지는 것은 많이 접하지 않았기 때문이다. 이는 자주 보면 괜찮아진다는 의미이기도 하다. 따라서 눈에 잘 들어 오지 않더라도 우선은 자주 봐야 한다. 그렇다고 어느 언어나 마찬가지이지만 외우려고 해서는 곤란하다. 경우의 수를 따져가면서 하나씩 기호를 조합하는 것이 때로는 귀찮고 던져버리고 싶더라도 정규 표현식은 그 자체가 인내를 요구하므로 하나씩 차근차근 접근해야 한다.

이렇게 하다보면 어느 순간 눈에 확 들어오는 것을 느끼게 될 것이다. 거기까지 가는데 그리 많은 시간이 걸리지 않는다. 다행히 정규 표현식은 다른 언어와 달리 한 번 익히고 나면 그 실력이 계속 유지된다. 왜냐하면 조건을 지정하는 기호가 뻔하기 때문이다. 처음 접할 때는 어렵게 느껴지지만 한 번 익히고 나면 완전히 내 것이 된다.

자바스크립트로 프로그램을 개발할 때도 마찬가지이지만 정규 표현식을 구현하기에 앞서 주어진 환경을 정확하게 분석해야 한다. 즉 요구사항을 명확하게 분석해야 한다. 정규 표현식은 이를 구현하기 위한 하나의 도구로 분석 결과에 따라 정규 표현식 형태가 달라지기 때문이다. 정규 표현식의 정밀도와 느슨함은 이 분석 결과에 따라 좌우된다.

1.3 자바스크립트에서 정규 표현식의 위치

이 부분은 처음 접하는 독자에게 조금 어려운 내용이 될 수도 있다. 그래도 전체를 보고 접근해야 하므로 자바스크립트에서 정규 표현식의 위치를 살펴볼 필요가 있다.

자바스크립트에는 자체에서 제공하는 이른바 네이티브(Native) 클래스(Class)가 있다. Number 클래스, String 클래스가 이 중의 하나다. 이 책에서 다루는 정규 표현식도 네이티브 클래스로 자바스크립트의 다른 클래스와 연동할 수 있다. 이 의미는 매우크다. 클래스 간의 연동은 자바스크립트의 핵심 아키텍처(Architecture)다. 여기서 연동이란 데이터(Data) 타입(Type)에 따라 자동으로 해당하는 클래스의 메소드를 호출하는 것을 의미한다.

```
'안녕하세요'.match(/안녕/);
```

위 정규 표현식에서 '안녕하세요'는 문자열이고 match는 메소드다. 전형적인 객체지향 언어에서는 메소드 앞에 인스턴스를 지정하지만 자바스크립트는 문자열을 지정할수 있다. 이는 데이터 타입에 따라 해당하는 클래스의 메소드를 호출한다는 의미다. 즉 지정한 데이터 타입이 문자열이면 String 클래스의 match 메소드를 호출한다.

정규 표현식도 클래스이므로 new 연산자를 사용해서 인스턴스(Instance)를 생성한후 메소드를 호출해야 하지만 인스턴스를 생성하지 않아도 된다. 자바스크립트는 인스턴스를 생성하지 않고도 메소드를 호출할 수 있는 메커니즘(Mechanism)을 제공한다.

한편 new 연산자와 정규 표현식 생성자 함수인 RegExp()를 호출해서 인스턴스를 생성할 수 있다. 인스턴스를 생성하면 같은 조건을 사용할 때마다 인스턴스를 만들어야 하는 번거로움을 줄일 수 있으며 재사용할 수 있다.

자바스크립트의 표준은 ECMA(European Computer Manufacturers Association)에서 제정했으며 ECMA-262 문서에 자바스크립트와 정규 표현식에 관한 스펙(Specification)이 작성되어 있다. ECMA-262 문서가 보기 어렵게 작성되어 있다는 것이 문제지만 이 문서를 기준으로 자바스크립트 언어를 개발하고 정규 표현식도 개발한다. 이 책의 정규 표현식도 ECMA-262 문서 범주에서 다룬다.

1.4 예제 환경 설정

이 절에서는 본문의 예제를 실행하기 위한 환경 설정에 대해 살펴 본다. 이 책은 예제 소스를 제공하며 html 파일과 자바스크립트 파일을 분리해서 작성하였다. 따라서 실행하려면 html 파일을 실행시키고 소스 코드를 보려면 자바스크립트 파일을 봐야 한다. 한편 모든 예제는 가독성과 독자의 편의를 위해 본문에도 작성하였다.

예제 소스 파일은 책 속에 포함돼 있지 않으며 도서출판 ITC 홈페이지(http://www.itcpub.co.kr)에서 다운받을 수 있다. 도서출판 ITC 사이트에서 본 책의 이미지를 클릭하면 새로운 웹 페이지가 표시되는데 하단 [소스 코드] 메뉴 안에 있는 압축 파일을 다운받으면 된다.

1.4.1 자바스크립트 작성 위치

예제 소스 코드는 확장자가 js인 파일에 작성되어 있다. 그래서 폴더에 같은 이름이 있지만 확장자가 다르다. HTML 문서의 <script> 엘리먼트에 자바스크립트 파일을 지정하지 않고 소스 코드를 작성하면 실행과 소스 보기를 한꺼번에 할 수 있지만, 이는 기본 원칙이 아니므로 번거로움을 감수하고 분리해서 작성하였다. 폴더 이름은 01에서 10까지 있으며 번호와 목차의 장이 같다.

```
<!DOCTYPE html PUBLIC "-//W3C//DTD XHTML 1.0 Strict//EN"
"http://www.w3.org/TR/xhtml1/DTD/xhtml1-strict.dtd">
<html xmlns="http://www.w3.org/1999/xhtml" lang="ko" xml:lang="ko">
<head>
    <meta http-equiv="Content-Type" content="text/html; charset=utf-8" />
    <title>문자열 매치</title>
    <script type="text/javascript" src="../framework.js"></script>
</head>
```

```
<body>
    <div id="showArea"></div>
    <script type="text/javascript" src="exec.js"></script>
</body>
</html>
```

<title>문자열 매치</title>에서 제목은 목차의 장 명칭을 작성하였다. <div id="showArea"></div>는 예제의 정규 표현식 실행 결과가 출력되는 엘리먼트로 show 함수에서 사용한다.

html 파일에 <script> 엘리먼트가 두 개 있다. 위의 <script> 엘리먼트에 show 함수가 작성된 framework.js 파일이 지정되어 있고, 이 파일 이름은 고정이며 모든 html 파일에 작성되어 있다. show 함수에 대해서는 바로 다음의 '1.4.2 결과 출력 함수'에서 다루고 있다.

아래의 <script> 엘리먼트에 예제 소스 코드를 포함한 자바스크립트 파일이 지정되어 있다. 위의 <script> 엘리먼트에 연속해서 작성하지 않고 끝에 작성한 것은 랜더링(Rendering)이 완료된 후 예제 소스 코드를 실행하기 위함이다. 예제 소스 코드를 실행하면 바로 앞의 div#showArea 엘리먼트에 결과를 출력하는데 예제 소스 코드를 이 앞에서 실행하면 div#showArea가 랜더링 되지 않은 상태여서 에러가 발생하기 때문이다.

1.4.2 결과 출력 함수

이 절에서는 예제 코드 실행 결과를 출력하는 자바스크립트 코드를 간단하게 설명한다. 이 코드를 이해하지 않아도 되고 그냥 사용해도 되지만 이 책에서 사용하고 있으므로 기능만 설명한다.

```
var lineNumber = 0;
function show(value, el){
    var ch,
        result;
```

```
    lineNumber += 1;

    ch = document.createElement('div');
    ch.id = 'mc_result_' + lineNumber;
    document.getElementById(el || 'showArea').appendChild(ch);

    result = document.createTextNode(lineNumber + '. ' + value);
    document.getElementById(ch.id).appendChild(result);
}
```

show 함수는 두 개의 파라미터를 갖는다. 첫 번째 파라미터에 예제 코드의 실행 결과 값을 지정하며, 두 번째 파라미터에 첫 번째 파라미터에서 지정한 값을 출력할 엘리먼트를 지정한다. 두 번째 파라미터를 지정하지 않으면 div#showArea 엘리먼트를 디폴트(Default)로 사용한다. 예제 코드에서는 엘리먼트를 지정하지 않지만 만약을 대비해서 작성하였다.

예제 실행 결과를 출력할 때마다 1부터 번호가 부여되어 출력된다. 따라서 이 번호를 따라가면 실행한 순서를 찾을 수 있다. 다른 코드는 거의 DOM 제공 메소드로 예제 코드 실행 결과를 출력하기 위해 엘리먼트를 생성하고 두 번째 파라미터에 지정한 엘리먼트의 차일드(Child) 엘리먼트로 첨부한다. DOM을 이해하는 독자라면 읽을 수 있을 것으로 생각하며 이해하지 않아도 되므로 각 메소드에 대한 설명은 생략한다.

1.4.3 본문 형태

이 절에서는 본문에서 사용하는 형태를 설명한다. 아래 게재된 형태 이외에도 표 형식을 사용하지만 책 전체에서 사용한 형태가 아니므로 언급하지 않았다.

● [소스: caret.js]

```
result = '12_34_12'.search(/^34/);
show(result);


result = '12_34_12'.search(/^12/);
show(result);
```

[소스: caret.js]는 본문의 예제 소스 코드가 작성되어 있는 자바스크립트 파일 이름을 나타낸다. 폴더 이름을 작성하지 않고 자바스크립트 파일 이름만 작성했으므로 '01 정규 표현식의 개요'와 같이 본문의 장과 똑같은 폴더로 이동해야 자바스크립트 파일을 열 수 있다. html 파일 이름과 자바스크립트 파일은 확장자만 다를 뿐 이름이 같다.

다음은 본문에서 다룰 예제 코드이다. 이는 전체를 보기 위한 것이며 줄 단위로 분리하여 설명하고 분석한다.

● 예제 형태

실행 결과	정규 표현식
[A, A]	'ABC'.match(/(A)/);
−1	'12_34_12'.search(/^34/);

예제와 실행 결과가 위와 같은 형태로 작성되어 있다. 오른쪽이 본문에서 다루는 정규 표현식과 관련된 예제 코드이며 왼쪽이 예제 코드를 실행한 결과다.

[A, A]와 같이 작성되어 있으면 배열로 반환한 것을 의미하며 첫 번째 배열 엘리먼트와 두 번째 배열 엘리먼트 값이 문자열로 'A'를 나타낸다. 가독성을 위해 문자열 형태라도 작은 따옴표를 찍지 않았다. 배열 기호가 없으면 문자열 값 또는 숫자 값을 나타낸다.

1.5 패턴과 매치

검색 대상이 결정되면 다음은 검색 기준을 지정하게 된다. 이때 검색 기준을 정규 표현식 패턴이라고 하며 줄여서 패턴이라고 한다. 패턴은 슬래시 두 개(//)로 표기하며 슬래시 사이에 기준을 작성한다. 문자열 전체를 추출하기 위한 기준, 일부만 추출하기 위한 기준, 포함 여부를 검사하는 기준 등을 슬래시 사이에 작성한다. 슬래시와 슬래시 사이에 작성한 기준을 통칭하여 패턴이라고 한다.

치환(Replace)은 대상 문자열에 패턴을 적용해서 추출한 값을 별도로 지정한 값으로 바꾸는 것이며 변경할 값을 패턴 형태로 지정하지 않고 문자열로 지정하는 것이 일반적이다. 따라서 변경할 값을 패턴이라고 하기에는 망설여진다. 하지만 경우에 따라서는 패턴 형태로 지정할 수 있으므로 패턴의 범주에 속한다.

▶ 매치(Match)

패턴이 결정되면 대상 문자열에 패턴을 적용하게 되는데 이를 매치(Match)라고 하며 대상을 매치 대상이라고 한다. 패턴을 기준으로 매치 대상을 검색, 치환, 검사를 실행하는 것은 메소드가 하며 기능에 따라 메소드가 달라지지만 이런 일련의 처리를 통칭하여 매치라고 한다. 매치 대상에 패턴을 매치한다고도 하며 줄여서 패턴을 매치한다고 한다.

▶ 패턴 지정 형태

패턴은 크게 두 가지 형태로 지정할 수 있다. 매치 대상을 문자열 값으로 매치하는 형태와 아래의 패턴 문자를 지정하여 패턴으로 매치하는 형태가 있다.

```
^, $, \, ., *, +, ?, ( ), [ ], { }, |
```

위에 작성한 문자가 패턴 문자다. 패턴 문자는 매치 대상의 첫 문자부터 매치하거나 중복된 문자와 매치하는 등 문자마다 특수한 기능을 갖고 있다. 이를 메타(Meta) 문자라고도 하는데 ECMA-262 문서에서 패턴 문자를 사용하고 있으므로 이 책에서도 패턴 문자로 표기한다.

1.6 함수와 메소드

match( ) 형태에서 괄호 안에 작성하는 변수를 파라미터(Parameter)라고 한다. 파라미터를 아규먼트(Argument), 매개변수, 인수, 인자라고도 하며 같은 의미다. 이 책에서는 파라미터로 표기한다.

자바스크립트에서 함수는 단독으로 실행할 수 있으며 일반적으로 function sports ( ){ }와 같은 형태로 작성한다. 이 형태를 보면 함수 이름만 작성했을 뿐 함수가 속한 오브젝트를 지정하지는 않았다. 이는 오브젝트를 지정하지 않아도 호출할 수 있다는 것을 의미한다. 함수는 오브젝트를 지정하지 않아도 되며 어디서든 함수를 선언하고 호출할 수 있다. 오브젝트를 지정하지 않으면 window 오브젝트에 설정되며 window 오브젝트를 지정하지 않아도 호출이 된다.

한편 메소드는 오브젝트가 있어야 한다. 메소드 단독으로 실행할 수 없으며 오브젝트에 포함시켜야 한다. 그런 다음 object_name.method_name( ) 형태로 호출하게 된다. 정규 표현식에서 사용하는 메소드는 모두 오브젝트가 있으며 함수 형태가 아니다. 하지만 정규 표현식에서 사용하는 메소드는 오브젝트를 지정하지 않는다. 왜냐하면 자바스크립트가 메소드 앞에 작성한 데이터 타입을 분석하여 String 클래스 또는 RegExp 클래스에 속한 메소드를 호출하기 때문이다. 따라서 object_name 위치에 데이터를 지정해야 한다. 이 점이 자바스크립트의 특징이다.

정규 표현식에서 사용하는 메소드는 여섯 개로 match, search, replace, split, exec, test다. match, search, replace, split는 String 클래스의 메소드이고, exec, test 메소드는 RegExp 클래스의 메소드다.

자바스크립트의 charAt 메소드는 문자열에서 인덱스(Index) 번째의 문자를 추출한다. 'sports'.charAt(1)과 같이 매치 대상 문자열을 object_name 위치에 작성하고 charAt 메소드의 파라미터에 추출하려는 인덱스를 지정한다. charAt 메소드는 String 클래스에 있는 메소드다.

즉 String 클래스에 속한 match, search, replace, split 메소드는 charAt 메소드를 작성하는 형태로 정규 표현식을 작성해야 한다. object_name 위치에 매치 대상 문자열을 지정하고 메소드의 파라미터에 패턴을 작성한다.

한편 RegExp 클래스 메소드인 exec, test는 String 클래스 메소드와 작성하는 형태가 다르다. object_name 위치에 패턴을 작성하고 메소드의 파라미터에 매치 대상을 지정한다. String 클래스와 작성하는 위치가 반대다.

1.7 정규 표현식 작성 방법

정규 표현식을 작성하는 방법은 세 가지가 있다. 대상 문자열을 메소드 앞에 작성하고 메소드의 파라미터에 패턴을 지정하는 방법, 패턴을 메소드 앞에 작성하고 메소드의 파라미터에 대상 문자열을 지정하는 방법, RegExp 인스턴스를 생성하고 메소드를 호출하는 방법이 있다.

이 절에서는 정규 표현식을 작성하는 방법에 대해서만 살펴 본다. 작성 방법 이외의 사항은 계속해서 다룰 것이므로 여기서는 정규 표현식을 작성하는 방법과 형태만 익히면 된다.

1.7.1 메소드 파라미터에 패턴 작성

패턴을 작성하는 방법은 세 가지가 있다. 메소드 파라미터에 패턴을 작성할 수 있고, object_name 위치인 메소드 이름 앞에 패턴을 작성할 수 있으며, RegExp 클래스 생성자 함수의 파라미터에 작성할 수 있다. 이 절에서는 메소드의 파라미터에 패턴을 작성하는 형태를 살펴 본다.

● [소스: parameter.js]

```
var result;
result = 'sports'.match(/sp/);
show(result);


var param = /sp/i;
result = 'sports'.match(param);
show(result);
```

● **메소드 파라미터에 패턴 직접 작성**

실행 결과	정규 표현식
[sp]	'sports'.match(/sp/);

매치 대상을 object_name 위치에 작성하고 패턴을 메소드의 파라미터에 지정한 전형적인 형태다. 패턴을 파라미터에 지정함으로써 직관적으로 코드 전체를 이해할 수 있다. 하지만 패턴이 길어지면 오히려 방해가 되며 특히 재사용할 수 없다.

다른 메소드에서 패턴을 재사용할 수 없어 다시 작성해야 하므로 중복이 발생한다. 그나마 여기까지는 괜찮지만 변경이 발생하면 작성한 곳을 찾아 다니면서 전부 고쳐야 하고, 이 과정에서 오류가 발생할 수도 있다. 따라서 var pattern = /sp/;와 같이 변수에 패턴을 설정한 다음 변수 이름을 파라미터에 지정하는 것이 좋다.

● **패턴을 변수에 설정하고 메소드 파라미터에 변수 지정**

실행 결과	정규 표현식
[sp]	var param = /sp/i; 'sports'.match(param);

param 변수에 패턴을 설정하고 메소드의 파라미터에 변수 이름을 지정한 형태다. 파라미터에 패턴을 지정할 때와 같은 형태로 패턴을 param 변수에 설정한다. 만약 '/sp/i'와 같이 따옴표 안에 패턴을 작성하면 패턴이 아니라 문자열이 되므로 의도했던 것과 다르게 결과가 반환된다.

위 형태는 다음 [표 1-1: 메소드 파라미터에 패턴 지정]과 같이 네 개의 요소로 구분할 수 있다. 매치 대상 문자열을 맨 앞에 작성하고 다음에 점(.)을 찍은 후 메소드를 작성하며 메소드의 파라미터에 패턴을 지정한다. (/sp/i)와 같이 두 번째 슬래시 다음에 i, g, m을 지정할 수 있는데 이를 플래그(flags)라고 하며 이에 대해서는 '2.2 플래그'에서 다루고 있다.

[표 1-1: 메소드 파라미터에 패턴 지정]

구분	요소	개요
'sports'	대상	매치 대상
.	연결자	매치 대상과 메소드 연결
match()	메소드	패턴을 매치 대상에 매치하고 결과 반환
/sp/i	패턴	매치 기준

1.7.2 메소드 앞에 패턴 작성

패턴을 object_name 위치인 메소드 앞에 작성할 수 있다. 이 형태는 RegExp 클래스의 exec, test 메소드에서 사용한다.

● [소스: object.js]

```
var result;
result = /sp/.exec('sports');
show(result);


var param = /sp/i;
result = param.exec('sports');
show(result);
```

● object_name 위치에 패턴 지정

실행 결과	정규 표현식
[sp]	/sp/.exec('sports');

패턴을 메소드 이름 앞에 작성하고 파라미터에 매치 대상을 지정한다. 이 형태를 접해 보지 않았던 독자라면 어색하다고 느낄 수도 있다. 이는 자바스크립트의 일반적인 형태가 아니라 RegExp의 독특한 형태다. 이 또한 메소드 이름 앞에 패턴을 직접 작성하면 재사용할 수 없으므로 var pattern = /sp/와 같이 변수에 패턴을 설정한 다음에 변수 이름을 지정한다.

● **패턴을 변수에 설정하고 object_name 위치에 변수 지정**

실행 결과	정규 표현식
[sp]	var param = /sp/i; param.exec('sports');

위 형태는 아래의 [표 1-2: 메소드 앞에 패턴 지정]과 같이 네 개의 요소로 구분할 수 있다. /sp/i와 같이 패턴을 맨 앞에 작성하고 다음에 점을 찍은 후 메소드를 작성하며, 메소드의 파라미터에 매치 대상을 작성한다.

[표 1-2: 메소드 앞에 패턴 지정]

구분	요소	개요
/sp/i	패턴	매치 기준
.	연결자	매치 기준과 메소드 연결
exec( )	메소드	패턴을 매치 대상에 매치하고 결과 반환
'sports'	대상	매치 대상

1.7.3 RegExp 클래스 사용

마지막으로 전형적인 객체지향 형태로 정규 표현식 RegExp 클래스를 인스턴스로 생성하고 메소드를 호출하는 형태를 살펴 본다.

● **[소스: regexp.js]**

```
var result;
var regexp = new RegExp('sp', 'i');
result = regexp.test('sports');
show(result);


result = new RegExp('sp', 'i').test('sports');
show(result);
```

```
regexp = RegExp('sp', 'i');


regexp = new RegExp('sp', 'i');
show(regexp);
```

● **RegExp 인스턴스 생성**

실행 결과	정규 표현식
RegExp 인스턴스	var regexp = new RegExp('sp', 'i');

new 연산자를 사용하고 RegExp 생성자 함수를 호출하는 형태다. 이때 RegExp('sp', 'i')에서 볼 수 있듯이 생성자 함수의 첫 번째 파라미터에 문자열로 패턴을 지정하고 두 번째 파라미터에 문자열로 플래그를 지정한다. 두 번째 파라미터를 생략할 수도 있다.

● **RegExp 인스턴스를 object_name 위치에 지정**

실행 결과	정규 표현식
true	regexp.test('sports');

생성한 RegExp 인스턴스에 설정되어 있는 test 메소드를 호출하는 형태다. RegExp 인스턴스를 메소드 앞에 지정하고 test 메소드의 파라미터에 매치 대상을 지정한다.

● **RegExp 인스턴스 생성과 실행**

실행 결과	정규 표현식
true	new RegExp('sp', 'i').test('sports');

RegExp 인스턴스 생성과 메소드 호출을 연결해서 작성한 형태다. 언뜻 보기에 이 형태가 괜찮아 보일 수 있지만 이는 RegExp 인스턴스를 만드는 목적을 잃어버린 형태다. 이 코드를 실행하면 메소드를 실행한 결과 값이 반환된다. 인스턴스를 만드는 목적 중의 하나가 인스턴스를 재사용하는 것인데 이 형태는 인스턴스를 재사용할 수 없다.

● **new 연산자를 사용하지 않은 형태**

실행 결과	정규 표현식
RegExp 인스턴스	regexp = RegExp('sp', 'i');

new 연산자를 사용하지 않고 RegExp 생성자 함수만 호출한 형태다. 이 형태를 사용해도 new 연산자를 사용한 것과 같이 RegExp 인스턴스가 반환된다. 이는 내부에서 RegExp 인스턴스를 생성해서 반환하기 때문이다.

● **생성한 RegExp 인스턴스 값**

실행 결과	정규 표현식
/sp/i	regexp = new RegExp('sp', 'i'); show(regexp);

new 연산자와 RegExp 생성자 함수를 사용해서 생성한 인스턴스를 출력하면 '/sp/i'가 출력된다. 이는 생성자 함수의 파라미터에 지정한 값을 생성자 함수에서 패턴 형태로 만들기 때문이다.

한편 인스턴스를 생성했는데 인스턴스가 출력되지 않고 /sp/i가 출력된다는 것에 의아해할 수도 있다. 하지만 이를 사용해서 exec 메소드를 호출하면 실행이 된다. 이는 자바스크립트의 독특한 메커니즘 때문이다.

1.8 정규 표현식의 실수

앞서 살펴 보았듯이 정규 표현식을 작성하는 방법이 세 가지나 된다. RegExp 클래스의 메소드를 사용할 때와 String 클래스의 메소드를 사용할 때 작성하는 형태가 다르다. 클래스에 따라 정규 표현식을 다르게 작성해야 한다는 것은 잘못된 접근이다. 어쩔 수 없는 사정이 있었겠지만 한 가지 형태로 통일해야 했다.

'sports'.match(/sp/)가 자바스크립트의 기본 형태다. String 클래스, Number 클래스와 같은 다른 클래스는 이와 같이 처리 대상을 앞에 작성하고 다음에 메소드를 작성한다. 또 메소드에서 처리할 옵션(option)이 있다면 이를 파라미터에 지정한다. 이렇게 한 가지 형태로 통일해야 했다.

그렇다고 String 클래스에서 정규 표현식을 지원하지 않고 RegExp 클래스에서만 지원한다면 이는 자바스크립트 전체 아키텍처(Architecture)가 흔들리게 된다. 자바스크립트는 데이터 타입에 따라 클래스를 인식하고 그 클래스에 속한 메소드를 자동으로 호출하는 아키텍처를 갖고 있다. 이런 아키텍처가 중심인데 작성하는 형태를 다르게 한다는 것은 잘못된 접근이다.

RegExp 인스턴스를 생성하지 않고도 정규 표현식을 사용할 수 있으므로 이를 세 가지에서 제외시켜도 된다고 할 수 있다. 하지만 반드시 사용해야 하는 경우가 있다. 문자열과 값을 가진 변수를 조합하여 일반적인 형태로 패턴을 사용하면 매치하지 못한다. 이때 RegExp 생성자 함수의 파라미터에 이를 지정하여 인스턴스를 생성하면 정상으로 매치된다. 이에 대해서는 '9.4 인스턴스 생성 후 exec( ) 호출'에서 다루고 있다.

필자는 자바스크립트를 좋아한다. 결국 우리가 만든 애플리케이션(Application)이 인간을 위한 것이라는 큰 틀에서 보면 자바스크립트는 이를 위한 필요충분조건을 갖추었다. 사용자 요구에 즉각 대처할 수 있는 유연성과 메커니즘을 갖고 있다.

하지만 정규 표현식이 자바스크립트에 흠을 내고 말았다. 그렇다고 기능이 잘못된 것은 아니지만 아키텍처와 메커니즘 관점에서 보면 잘못되었다. 필자가 서두에서 이를 거론하는 이유는 사전에 이를 알고 접근하기 위함이다. 장점과 단점을 알고 사용하는 것과 모르고 사용하는 것은 차이가 있다. 정규 표현식의 요소 기능을 이해하는 것도 중요하지만 아키텍처와 메커니즘을 이해하는 것 또한 중요하다. 전체를 보기 위해서는 아키텍처와 메커니즘을 이해해야 하기 때문이다.

Chapter 02

문자열 매치

정규 표현식에서 가장 단순한 형태가 지정한 문자열 값을 액면 그대로 매치하는 것이다. 패턴 문자를 사용하지 않는 형태이므로 매우 직관적이다. 이 장에서는 이에 대해 살펴 본다.

한글은 해당되지 않지만 영문자는 대소문자가 있으며 자바스크립트는 대소문자를 구분한다. 즉 ABC와 abc는 다르다. 매치 대상 문자열 값이 대문자 ABC일 때 소문자 abc로 매치하면 매치되지 않는다. 필요에 따라서는 소문자와 대문자를 무시하고 매치할 수 있어야 한다. 이에 대해서도 살펴 본다.

패턴 문자는 기본적으로 매치 기준을 폭넓게 가져가려는 특성을 갖고 있다. 패턴 문자 대체(|)는 OR 조건으로 매치한다. 즉 선택의 폭을 줄 수 있다. 패턴 문자 점(.)은 점을 기준으로 앞과 뒤의 문자열에 매치한다. 이를 통해 긴 문장에서 지정한 문자를 포함한 단어를 추출할 수 있다. 이에 대해서도 살펴 본다.

탭(Tab)을 치면 오른쪽으로 커서(Cursor)가 이동하며 공백이 생긴다. 그런데 탭은 보이지 않는다. 이와 같이 보이지 않는 문자를 공백 문자(Whitespace)라고 한다. 리턴

(Return) 키를 누르면 줄이 바뀐다. 이런 문자를 줄 분리자라고 한다. 정규 표현식은 이와 같이 보이지 않는 문자를 매치할 수 있다. 이에 대해서도 살펴 본다.

2.1 텍스트 문자열 매치

텍스트 문자열이란 하나 이상의 문자로 구성된 문자열을 의미한다. 예를 들어 'A'도 텍스트 문자열이고 'ABC'도 텍스트 문자열이다. 텍스트 문자열을 줄여서 문자열이라고 한다. 패턴에 텍스트 문자열을 지정하면 이를 기준으로 매치한다. 결론적으로 텍스트 문자열 매치는 이것이 정답이다. 뿌린 대로 거둔다는 말이 있듯이 지정한 값으로 매치하고 그에 따른 결과를 반환한다.

● [소스: simple.js]

```javascript
var result;
result = 'sports'.match(/sports/);
show(result);


result = 'sports'.match(/sp/);
show(result);


result = 'sports'.match(/spt/);
show(result);


result = 'sports'.match(/s/);
show(result);
```

● 텍스트 문자열 매치

실행 결과	정규 표현식
[sports]	'sports'.match(/sports/)

match 메소드 파라미터에 /sports/를 지정했으며 패턴의 sports는 문자열로 'sports'

와 같다. 패턴의 sports가 매치 대상에 있으므로 매치되며 반환된 sports는 매치된 값이다. 이와 같이 패턴에 텍스트 문자열을 지정하면 지정한 문자열로 매치한다.

패턴에 지정한 sports와 매치 형태를 읽는 방법을 살펴 본다. '매치 대상에 s가 있고 이어서 p가 있고 이어서 o가 있고 이어서 r이 있고 이어서 t가 있고 이어서 s가 있을 때 매치된다'고 읽는 것이 정확하다. 물론 'sports가 있을 때 매치된다'고 읽어도 된다. 하지만 하나씩 매치하는 것이 명확하게 접근할 수 있으며 정규 표현식의 처리 메커니즘에 가깝다.

한편 책은 글로 표현되므로 읽는 형태를 그대로 쓰면 어색해 보이기 때문에 '매치 대상에 sports가 있으면 매치된다'고 쓸 것이며 필요할 때에는 하나씩 분리해서 쓰기로 한다.

● **매치된 값만 반환**

실행 결과	정규 표현식
[sp]	'sports'.match(/sp/)

패턴에 /sp/를 지정했으므로 매치 대상에 sp가 있으면 매치된다. 그런데 매치 대상 문자열 값이 sports인데 [sp]만 반환하였다. 이는 매치 대상 전체를 반환하지 않고 매치된 문자열만 반환하기 때문이다.

● **매치되지 않으면 null 반환**

실행 결과	정규 표현식
null	'sports'.match(/spt/)

null이 반환된 것은 패턴에 지정한 spt가 매치 대상에 없기 때문이다. sports의 첫 번째와 두 번째에 sp가 있지만 p 다음에 연속된 문자가 t가 아니라 o이므로 매치되지 않는다. 이와 같이 매치되지 않으면 null을 반환한다. 자바스크립트에서 null도 값이므로 이 값으로 매치 성공 여부를 체크할 수 있다.

● **매치되면 매치를 종료**

실행 결과	정규 표현식
[s]	'sports'.match(/s/)

패턴에 s를 지정했으며 매치 대상 sports에 s가 두 개 있다. 이 패턴에서 눈여겨볼 것이 두 가지 있다. 첫째, 너무도 당연하지만 문자열 매치는 매치 대상 왼쪽에서 오른쪽으로 매치한다는 것이다. 따라서 sports에서 매치된 문자 s는 매치 대상 처음의 s다. 매치 대상 문자열 마지막에 있는 s가 아니다.

이를 거론한 것은 오른쪽에서 왼쪽으로 매치하는 패턴이 있기 때문이다. 5장에서 다룰 <수량자에 속한 패턴 문자>는 오른쪽에서 왼쪽으로 매치한다. 물론 패턴의 형태에 따라 변동될 수 있지만 수량자는 오른쪽에서 왼쪽으로 매치하는 것이 기본이다.

둘째, 매치하는 문자 수다. 문자열 매치는 한 번 매치되면 더 매치할 값이 있더라도 매치하지 않고 종료한다. 그래서 매치 대상 마지막에 s가 있지만 처음의 s가 매치되므로 더 이상 매치하지 않고 이를 반환하고 종료하였다. 한편 자바스크립트 정규 표현식은 s를 전부 매치할 수 있는 플래그를 제공한다. 계속해서 이에 대해 살펴 본다.

2.2 플래그

앞에서 언급했듯이 자바스크립트는 대소문자를 구분한다. 따라서 매치 대상에 대문자만 있을 때 소문자로 매치하면 매치되지 않는다. 정규 표현식은 이를 아주 간단하게 문자 하나로 해결할 수 있는데 이를 플래그라고 한다. 플래그를 변경자(Modifier)라고도 하는데 ECMA-262 문서에서 플래그를 사용하므로 이 책에서도 플래그로 표기한다.

플래그로 사용할 수 있는 문자는 i, g, m이다. 패턴의 문자 하나하나가 기능을 갖고 있듯이 플래그 문자도 각각 기능을 갖고 있다. 다음 [표 2-1: 플래그]는 플래그 문자의 명칭과 기능 개요다.

[표 2-1: 플래그]

플래그	명칭	기능 개요
i	ignoreCase	대소문자를 구분하지 않음. 매치된 첫 문자열을 반환
g	global	패턴에 매치되는 모든 문자열을 배열로 반환
m	multiline	매치 대상에 줄 바꿈이 있더라도 전체를 검색

플래그에 g 하나만 지정할 수 있고 igm과 같이 전체를 지정할 수도 있으며 mgi와 같이 순서를 바꿔서 지정할 수도 있다. 작성한 순서에 관계없이 지정한 플래그 기능 모두를 적용한다.

'sports'.match(/sp/g)와 같이 메소드의 파라미터에 플래그를 지정할 때는 패턴의 두 번째 슬래시 다음에 작성한다. 한편 new RegExp('sp', 'g')와 같이 생성자 함수에 플래그를 지정할 때는 두 번째 파라미터에 문자열로 지정한다.

플래그에 다른 문자를 사용하거나 같은 문자를 중복해서 작성하면 SyntaxError 예외 (Exception)가 발생한다. 자바스크립트의 try-catch 문을 사용하면 catch 문의 파라미터에 예외 오브젝트가 설정되므로 이를 사용해서 예외 처리를 할 수 있다.

2.2.1 대소문자 무시 i

대소문자를 구분하지 않고 패턴을 매치하려면 플래그 i를 지정한다. 대문자 I를 사용할 수 없으며 ii와 같이 i를 두 번 이상 지정할 수 없다.

● [소스: ignore.js]

```javascript
var result;
result = 'JavaScript'.match(/s/i);
show(result);


var regexp = new RegExp('s', 'i');
result = regexp.test('JavaScript');
show(result);
```

```
result = 'JavaScript'.match(/s/I);
show(result);


result = 'JavaScript'.match(/s/ii);
show(result);
```

● 대소문자를 구분하지 않고 매치

실행 결과	정규 표현식
[S]	'JavaScript'.match(/s/i)

대문자 S가 반환된 것은 패턴에 소문자 s를 지정했지만 플래그 i를 지정했으므로 대
소문자를 구분하지 않고 패턴을 매치하기 때문이다. 이와 같이 패턴에 ignoreCase 플
래그를 지정하면 대소문자를 구분하지 않고 패턴을 매치한다.

● 두 번째 파라미터에 플래그 i 지정

실행 결과	정규 표현식
true	regexp = new RegExp('s', 'i'); regexp.test('JavaScript');

RegExp 생성자 함수의 첫 번째 파라미터에 소문자 s를 문자열로 지정했으며 두 번째
파라미터에 플래그 i를 문자열로 지정했다. 이와 같이 RegExp 생성자 함수에 플래그
를 지정할 때는 두 번째 파라미터에 문자열로 지정한다.

● 플래그 i를 대문자로 지정

실행 결과	정규 표현식
null/에러	'JavaScript'.match(/s/I)

플래그 i를 소문자가 아닌 대문자로 지정했다. 다음 [표 2-2: 플래그 I 실행 결과]는 각
브라우저에서 이를 실행한 결과다. ECMA-262 문서에는 이를 에러로 처리하도록 되
어 있다. 브라우저마다 실행 결과가 다르지만 궁극적으로 매치되지 않으므로 사용할

수 없다.

[표 2-2: 플래그 I 실행 결과]

브라우저	결과
IE 7.0	에러로 처리
Firefox 3.0	에러로 처리
Chrome 3.0	null 반환
Safari 3.2	null 반환
Opera 10.10	에러로 처리

● 플래그 i를 두 번 지정

실행 결과	정규 표현식
[S], Syntax Error	'JavaScript'.match(/s/ii)

플래그 i를 두 번 지정했다. 아래 [표 2-3: 플래그 ii 실행 결과]는 각 브라우저에서 이를 실행한 결과다. ECMA-262 문서에는 이를 SyntaxError로 처리하도록 되어 있다. Opera 브라우저가 SyntaxError로 처리하므로 사용에 제한이 있다.

[표 2-3: 플래그 ii 실행 결과]

브라우저	결과
IE 7.0	S 반환
Firefox 3.0	S 반환
Chrome 3.0	S 반환
Safari 3.2	S 반환
Opera 10.10	Syntax Error

2.2.2 글로벌 g

패턴은 한번만 매치를 행한다. 이때 플래그 g를 지정하면 반복해서 매치를 행한다. 따라서 매치된 모든 값을 반환받을 수 있다. 대문자 G를 사용할 수 없으며 gg와 같이 g를 두 번 이상 지정할 수 없다.

● [소스: global.js]

```javascript
var result;
result = 'JavaScript'.match(/a/g);
show(result);


var regexp = new RegExp('A', 'ig');
result = regexp.exec('JavaScript');
show(result);


result = 'JavaScript'.match(/a/G);
show(result);


result = 'JavaScript'.match(/a/gg);
show(result);
```

● 매치된 문자 전부 반환

실행 결과	정규 표현식
[a, a]	'JavaScript'.match(/a/g)

[a, a]가 반환된 것은 플래그 g를 지정했으며 매치 대상 'JavaScript'에 a가 두 개 있기 때문이다. 이와 같이 플래그 g(global)를 지정하면 매치되는 모든 값을 배열로 반환한다.

● exec( )는 하나만 반환

실행 결과	정규 표현식
[a]	regexp = new RegExp('A', 'ig'); regexp.exec('JavaScript');

위 코드를 실행하면 [a]가 반환된다. 매치 대상 'JavaScript'에 a가 두 개 있으며 플래
그 ig를 사용했으므로 [a, a]가 반환되어야 하나 exec 메소드는 처음 매치되는 문자열
하나만 배열로 반환한다. 다섯 브라우저 모두 [a]만 반환한다.

● **플래그 g를 대문자로 지정**

실행 결과	정규 표현식
[a], 에러	'JavaScript'.match(/a/G)

플래그 g를 소문자가 아닌 대문자로 지정했다. 아래 [표 2-4: 플래그 G 실행 결과]는
각 브라우저에서 이를 실행한 결과다. ECMA-262 문서에는 이를 에러로 처리하도록
되어 있다. 브라우저마다 실행 결과가 다르므로 사용할 수 없다.

[표 2-4: 플래그 G 실행 결과]

브라우저	결과
IE 7.0	에러로 처리
Firefox 3.0	에러로 처리
Chrome 3.0	a 반환
Safari 3.2	a 반환
Opera 10.10	a 반환

● **플래그 g를 두 번 지정**

실행 결과	정규 표현식
[a, a], Syntax Error	'JavaScript'.match(/a/gg)

플래그 g를 두 번 지정했다. 다음 [표 2-5: 플래그 gg 실행 결과]는 각 브라우저에서
이를 실행한 결과다. ECMA-262 문서에는 이를 SyntaxError로 처리하도록 되어 있
다. Opera 브라우저가 에러로 처리하므로 사용에 제한이 있다.

[표 2-5: 플래그 gg 실행 결과]

브라우저	결과
IE 7.0	[a, a] 반환
Firefox 3.0	[a, a] 반환
Chrome 3.0	[a, a] 반환
Safari 3.2	[a, a] 반환
Opera 10.10	SyntaxError

2.2.3 멀티라인 m

매치 대상을 여러 줄에 작성했을 때 첫 번째 줄만 패턴을 매치한다. 이때 플래그 m을
지정하면 줄 전체에 패턴을 매치한다. 이는 줄 바꿈 문자(\n)를 줄 분리자로 인식하지
않고 단순 문자로 인식하기 때문에 여러 줄에 매치하게 된다. 대문자 M을 사용할 수
없으며 mm과 같이 m을 두 번 이상 지정할 수 없다.

● [소스: multiline.js]

```javascript
var result;
var value = 'JavaScript\nMultiLine\nMultiLine';

result = value.match(/^Multi/);
show(result);


result = value.match(/^Multi/m);
show(result);


result = value.match(/^Multi/g);
show(result);


result = value.match(/^Multi/gm);
show(result);


result = value.match(/Multi/);
```

```
show(result);

result = value.match(/multi/igm);
show(result);
```

● **줄 바꿈 다음의 값을 매치하지 않음**

실행 결과	정규 표현식
null	value = 'JavaScript\nMultiLine\nMultiLine'; value.match(/^Multi/)

value 변수에 설정한 문자열에 \n이 있는데 이는 줄 바꿈을 나타내며 줄 바꿈이 두 개 있다. null이 반환되었다는 것은 매치되지 않았다는 의미다. 패턴의 첫 문자는 패턴 문자 캐럿(^)으로 매치 대상의 첫 문자부터 매치한다. 패턴에 지정한 문자가 매치 대상 중간에 있더라도 매치되지 않는다. null이 반환된 것은 매치 대상의 첫 문자가 J 이므로 Multi와 매치되지 않기 때문이다.

\n은 줄을 바꾸게 되므로 두 번째 줄과 세 번째 줄의 시작 문자열 값이 Multi이지만 이를 매치하지 않고 null을 반환하였다. 이때 multiline 플래그를 사용하면 줄 전체에 매치한다.

● **플래그 m은 줄 전체에 매치**

실행 결과	정규 표현식
[Multi]	value.match(/^Multi/m)

[Multi]가 반환된 것은 플래그 m을 지정했으므로 줄 바꿈을 문자로 인식하여 각 줄에 매치하기 때문이다. 그런데 value 변수에 Multi가 두 개 있는데 하나만 반환되었다. 이는 플래그 m이 처음 매치된 값만 반환하기 때문이다.

● **플래그 g는 매치가 안 됨**

실행 결과	정규 표현식
null	value.match(/^Multi/g)

플래그 g를 지정했는데 null이 반환되었다. 플래그 g는 매치 기능을 갖고 있는 것이 아니라 반복 기능을 갖고 있다. 따라서 매치가 안 되면 반복하더라도 의미가 없다. 자바스크립트의 if 문이 아니라 for 문에 해당한다.

● 플래그 g와 m을 사용하면 모두 추출

실행 결과	정규 표현식
[Multi, Multi]	value.match(/^Multi/gm)

[Multi, Multi]가 반환된 것은 플래그 g로 반복하면서 플래그 m으로 모든 줄에 매치를 행했기 때문이다. 이와 같이 줄 전체에서 매치되는 문자를 전부 추출하기 위해서는 플래그 g와 m을 지정해야 한다.

● 문자열 값 매치는 플래그 m을 지정한 것과 같음

실행 결과	정규 표현식
[Multi]	value.match(/Multi/)

플래그를 지정하지 않았는데 [Multi]가 반환된 것은 패턴 문자를 사용하지 않고 문자열 값으로 매치하면 플래그 m을 지정하지 않아도 줄 전체에 매치하고 처음 매치된 결과를 반환하기 때문이다.

● 문자열 값에 플래그 igm을 지정하면 모두 반환

실행 결과	정규 표현식
[Multi, Multi]	value.match(/multi/igm)

패턴에 소문자로 multi를 지정하고 플래그 igm을 지정했다. [Multi, Multi]가 반환된 것은 줄 바꿈 문자와 대소문자를 구분하지 않고 매치하며 매치된 모든 값을 반환하기 때문이다.

2.3 대체 |

패턴 문자 대체는 바(|: shift + 역슬래시)로 표기하며 바(|)를 기준으로 왼쪽에서 오른쪽으로 매치를 행한다. 패턴 기호가 자바스크립트의 OR 연산자(||) 기호와 비슷해서 OR 조건으로 생각할 수 있다. 즉 왼쪽이 매치되면 더 이상 매치하지 않고 매치되지 않았을 때 오른쪽을 매치한다고 생각할 수 있다. 물론 일부는 맞지만 전적으로 맞는 것은 아니며 차이가 있다.

대체(|)는 정규 표현식 내부에서 바(|)의 왼쪽과 오른쪽 모두를 매치하여 자신이 관리하는 영역에 매치 결과를 보관한다. 그리고 왼쪽 인덱스 값이 오른쪽 인덱스 값과 같거나 작으면 왼쪽 매치 결과를 반환하고 아니면 오른쪽 매치 결과를 반환한다. 즉 인덱스 값에 따라 매치된 문자열이 결정된다. 이는 정규 표현식의 최적화 메커니즘에서 비롯된다. 여기서 인덱스란 매치 대상 문자열의 매치된 인덱스를 의미한다. 매치가 안 되면 비교에서 제외한다.

따라서 OR 조건이 될 수도 있고 안 될 수도 있다. 왼쪽이 조건에 일치하면 오른쪽 조건을 체크도 하지 않는 자바스크립트의 OR 연산자와는 차이가 있다. 그래서 바(|)를 OR이라고 하지 않고 대체라고 한 것이다.

● [소스: alternative.js]

```
var result;
result = '12_34_56'.match(/23|34|56/);
show(result);


result = '12_34_56'.match(/23|56|34/);
show(result);


result = /bc|c/.exec("abc");
show(result);


result = /c|bc/.exec("abc");
```

```
show(result);

result = /c|bc|abc/.exec("abc");
show(result);

result = /c|bc|a|abc/.exec("abc");
show(result);

result = '12_34_56'.match(/12|34|56/g);
show(result);
```

● **왼쪽에서 오른쪽으로 매치**

실행 결과	정규 표현식
[34]	'12_34_56'.match(/23|34|56/)
[34]	'12_34_56'.match(/23|56|34/)

첫 번째 코드 패턴에 /23|34|56/을 지정했으므로 먼저 매치 대상에 23을 매치한다. 23이 매치 대상에 없으므로 다음의 34를 매치한다. 34가 매치 대상에 있으므로 이 값을 반환한다. 34 다음에 56이 있지만 34가 반환되었다.

자칫 이를 자바스크립트의 OR 조건으로 생각하여 매치가 되면 더 이상 매치하지 않고 종료한다고 생각할 수 있지만 그것은 아니며 56이 반환되지 않은 이유가 있다. 위에서 '34가 매치 대상에 있으므로 이 값을 반환한다'라고 해석한 것은 완전한 해석이 아니다.

두 번째 코드와 첫 번째 코드 차이는 패턴이다. 첫 번째 코드 패턴은 /23|34|56/이고 두 번째 코드 패턴은 /23|56|34/다. 첫 번째 코드 패턴에서 56보다 34를 먼저 작성해서 매치되었다면, 두 번째 코드 패턴에 34보다 56을 먼저 작성했으므로 [56]이 반환돼야 한다. 그런데 반환된 값은 56 다음에 작성한 [34]다. 계속해서 이에 대해 살펴 본다.

● **대체 처리**

실행 결과	정규 표현식
[bc]	/bc|c/.exec("abc")
[bc]	/c|bc/.exec("abc")

첫 번째 코드 패턴에 /bc｜c/를 지정했으며 매치 대상에 bc가 있으므로 [bc]가 반환되는 것은 당연하다. 이 패턴은 두 번째 줄과 비교하기 위해 작성했다.

두 번째 코드와 첫 번째 코드의 차이는 패턴이다. 두 번째 코드 패턴에 /c｜bc/를 지정했으며 c가 먼저 매치되므로 [c]가 반환돼야 하지만 다음에 작성한 [bc]가 반환되었다.

두 번째 코드에서 c가 매치되면 바로 끝나는 것이 아니라 다시 bc를 매치한다. 이때 매치된 c의 인덱스를 정규 표현식 내부의 lastIndex 프로퍼티(Property)에 설정한다. 다음 bc를 매치하고 bc가 매치되면 b의 인덱스와 lastIndex를 비교한다. 만약 b의 인덱스가 lastIndex보다 작으면 bc로 반환 값을 대체하고 b의 인덱스를 lastIndex에 설정한다. 그래서 대체(Alternative)다.

패턴에 작성된 순서가 아니라 매치된 인덱스가 가장 작은 값을 우선하여 반환한다. 즉 패턴이 기준이 아니라 매치 대상인 데이터가 기준이다.

● **인덱스가 같으면 먼저 매치한 값을 반환**

실행 결과	정규 표현식
[abc]	/c|bc|abc/.exec("abc")
[a]	/c|bc|a|abc/.exec("abc")

첫 번째 코드에서 [abc]가 반환된 것은 앞서 다루었던 논리에서 비롯한다. c의 인덱스보다 bc가 앞에 있고 bc의 인덱스보다 abc가 앞에 있으므로 [abc]가 반환되었다.

두 번째 코드에서 [a]가 반환된 것은 위의 논리와 같다. 한편 a 다음에 abc가 있지만 [a]가 반환되었다. 이는 a의 lastIndex 값과 abc에서 a의 인덱스 값이 같기 때문이다. 즉 인덱스 값이 같을 때는 먼저 매치된 값을 반환한다.

당연한 것인데도 이를 언급한 것은 일부 패턴에서 최대로 매치하려는 특성으로 인해 a 가 아닌 abc를 반환하는 경우가 있기 때문이다. 이에 대해서는 관련된 패턴 문자를 다루면서 살펴 본다.

● 플래그 g를 지정하면 매치된 전체 반환

실행 결과	정규 표현식
[12, 34, 56]	'12_34_56'.match(/12|34|56/g)

플래그 g를 지정했으며 반환된 값이 [12, 34, 56]이다. 이와 같이 플래그 g를 지정하면 패턴에 지정한 값을 전부 매치하여 반환한다. 참고로 ECMA-262 문서에 패턴 문자 대체(|)를 중심으로 왼쪽을 Alternative, 오른쪽을 Disjunction이라고 표기하고 있다.

2.4 앞뒤 문자 매치 .

패턴 문자 점(.)은 점 위치에 문자가 있어야 하며 점의 앞과 뒤에 지정한 문자열을 매치한다. 단, 줄 바꿈 문자는 제외한다. /a.b/와 같이 점 앞과 뒤에 매치하려는 문자열을 지정한다. 필수 지정이 아니므로 점 앞 또는 뒤에 문자열을 지정하지 않아도 된다. 점(.)을 마침표, 도트(dot)라고도 한다.

● [소스: dot.js]

```
var result;
result = 'sports'.match(/.s/);
show(result);


result = 'sports'.match(/s./);
show(result);


result = '사랑해 사모해 사랑함'.match(/사.해/g);
show(result);
```

● 점 뒤 문자 매치

실행 결과	정규 표현식
[ts]	'sports'.match(/.s/)

패턴에 /.s/와 같이 지정했으므로 매치 대상에 s가 있어야 하며 s 앞에 아무 문자라도 있어야 한다. 매치 대상 sports에서 맨 앞에 s가 있지만 s 앞에 문자가 없으므로 매치되지 않는다. 한편 끝의 s는 그 앞에 t가 있으므로 매치되어 [ts]를 반환했다.

● 점 앞 문자 매치

실행 결과	정규 표현식
[sp]	'sports'.match(/s./)

패턴에 /s./와 같이 지정했으므로 매치 대상에 s가 있어야 하며 s 뒤에 아무 문자라도 있어야 한다. 매치 대상 sports에서 맨 앞에 s가 있으며 s 뒤에 문자가 있으므로 매치되어 [sp]를 반환했다. 한편 끝의 s는 그 뒤에 문자가 없으므로 매치되지 않는다.

● 점 앞뒤 문자 매치

실행 결과	정규 표현식
[사랑해, 사모해]	'사랑해 사모해 사해'.match(/사.해/g)

패턴에 /사.해/g를 지정했으므로 점 앞에 '사'가 있고 점 뒤에 '해'가 있으면서 점 위치에 아무 문자가 있으면 매치된다. '사랑해'와 '사모해'는 이를 만족시키므로 매치되며 '사해'는 점 위치에 문자가 없으므로 매치되지 않는다. 이와 같이 점 앞과 뒤에 값을 지정하면 지정한 값이 모두 매치되고 점 위치에 아무 문자가 있어야 매치된다.

| 2.5 공백 문자

자바스크립트에서 값은 있으나 보이지 않는 문자가 있는데 이는 공백 문자(White-space)와 줄 분리자(Line Terminators)다. 이 문자들도 다른 문자와 마찬가지로 유니코드(Unicode) 값으로 표현할 수 있다. 먼저 공백 문자를 살펴보고 다음 절에서 줄 분리자를 살펴 본다.

공백 문자는 토큰(Token)을 구분하기 위해 사용한다. 자바스크립트에서 토큰은 연결된 문자열을 의미한다. 문자도 단어도 토큰이며 단어와 단어를 연결해 작성하면 이것도 토큰이다. 공백 문자를 작성하면 토큰이 분리되므로 공백 문자는 토큰 안에 올 수 없다.

아래의 [표 2-6: 공백 문자 일람표]에서 볼 수 있듯이 공백, 탭과 같이 공백 문자는 보이지는 않으나 빈 공백이 띄워진다. NBSP는 Non-Breaking SPace의 약자로 공백 앞 또는 뒤에서 자동으로 줄이 바뀌는 것을 방지하기 위한 특수 기능을 가진 공백 문자다.

[표 2-6: 공백 문자 일람표]

Unicode	명칭	영어 명칭	형태	매치 문자
\u0009	탭(수평 탭)	Tab(Horizontal Tab)	〈HT〉	\t
\u000B	수직 탭	Vertical Tab	〈VT〉	\v
\u000C	폼 넘김	Form Feed	〈FF〉	\f
\u0020	공백	SPace	〈SP〉	
\u00A0	자동 줄 바꿈 방지	No-Break SPace	〈NBSP〉	

● [소스: whitespace.js]

```javascript
var result;
result = '\u0009'.match(/\t/);
show(result);


result = '\u000c'.match(/\f/);
if (result){
    show('공백 문자');
}
```

● **공백 문자 매치**

실행 결과	정규 표현식
공백	'\u0009'.match(/\t/)

'공백 문자'	result = '\u000c'.match(/\f/);
	if (result){
	　　show('공백 문자');
	}

첫 번째 코드 패턴에 /\t/를 지정했으며 이는 탭(Tab)에 매치한다. 탭은 수평 탭과 수직 탭이 있으며 일반적으로 탭이라고 하면 수평 탭을 의미한다. 매치 대상에 '\u0009'를 작성했으며 이는 유니코드로 수평 탭이다. 실행 결과에 공백을 표시한 것은 매치된 것을 나타내기 위함이며 매치되지 않으면 null이 반환된다. 공백 문자는 값이 보이지 않으므로 매치되더라도 값이 보이지 않는다.

두 번째 코드 패턴에 '\f'를 지정했으며 이는 폼 넘김을 나타낸다. 매치 대상에 \u000c를 작성했으며 이는 유니코드로 폼 피드다. 값이 반환된 것을 확인하기 위해 if (result){ }문을 사용했다.

2.6 줄 분리자

줄 분리자도 토큰을 분리하기 위한 문자이며 여기서 토큰은 줄 단위가 된다. 공백 문자가 단어 단위로 토큰을 구분하는 반면 줄 분리자는 줄 단위로 토큰을 구분한다. 줄 분리자 안에는 다수의 토큰을 작성할 수 있으며 이에 대한 제어가 필요하지 않지만, 줄 분리자는 별도의 제어가 필요하다.

왜냐하면 자바스크립트의 세미콜론(Semicolon) 자동 삽입 기능 때문이다. 자바스크립트는 줄 바꿈을 하게 되면 세미콜론을 자동으로 삽입하고 이를 기준으로 해석한다. 자바스크립트 코드를 작성할 때 세미콜론을 찍는 이유 중의 하나가 자바스크립트가 자동으로 세미콜론을 삽입하여 자의적으로 해석하지 않도록 하기 위함이다. 즉 개발자가 의도했던 것과 다르게 코드가 실행되지 않도록 하기 위함이다. 따라서 정규 표현식도 이를 구분해서 접근해야 한다.

자바스크립트에는 아래의 [표 2-7: 줄 분리자 일람표]에서 볼 수 있듯이 네 개의 줄 분리자가 있다. 토큰에 이 문자가 있으면 연속해서 매치하지 않으므로 플래그 g, m을 지정해야 하며 이 점이 줄 분리자가 정규 표현식에 영향을 미치는 사항이다.

Line Feed와 Carriage Return의 차이점은 LF는 줄 바꿈만 하지만 CR은 줄 바꿈을 한 후 다음 줄의 처음에 포인터(Pointer)가 위치한다. 예를 들어 프린터(Printer)에서 CR을 사용하면 줄 바꿈을 한 후 프린터 헤더(Header)가 시작 위치로 움직이는 것을 볼 수 있다.

[표 2-7: 줄 분리자 일람표]

Unicode	명칭	영어 명칭	형태	매치 문자
\u000A	줄 바꿈	Line Feed	⟨LF⟩	\n
\u000D	줄 바꿈(첫 위치)	Carriage Return	⟨CR⟩	\r
\u2028	줄 분리자	Line Separator	⟨LS⟩	
\u2029	구문 분리자	Paragraph Separator	⟨PS⟩	

● **[소스: line.js]**

```javascript
var result = '\u000A'.match(/\n/);
if (result){
    show('줄 분리자');
}
```

● 줄 분리자 매치

실행 결과	정규 표현식

'줄 분리자'	```result = '\u000A'.match(/\n/);```
	```if (result){```
	``` show('줄 분리자');```
	```}```

패턴에 '\n'을 지정했으며 이는 유니코드로 \u000A다. 줄 분리자도 값이 보이지 않으므로 매치 결과를 확인하기 위해 if (result) { }문을 사용했다.

Chapter 03

정규 표현식 메소드

메소드(Method)는 정규 표현식 3대 요소에서 실행을 담당한다. 3대 요소에서 매치 대상과 기준(패턴)은 정적인 반면 메소드는 동적이다. 이는 매치 대상과 패턴이 메소드에 따라 결과가 바뀔 수 있다는 뜻이다.

match 메소드는 매치 결과를 반환하지만 test 메소드는 매치 여부를 반환한다. 같은 매치 대상과 패턴을 사용하더라도 메소드에 따라 목적이 달라지며 결과가 달라진다.

3장에서는 아래 목록의 메소드를 다룬다.

메소드	개요
match	매치된 문자열을 배열로 반환, 매치가 안 되면 null 반환
replace	매치된 문자열을 지정한 문자열로 치환
search	매치된 문자열의 인덱스 반환, 매치가 안 되면 −1을 반환
split	매치된 문자로 문자열을 분할하여 반환
exec	매치된 문자열 하나를 배열로 반환, 매치가 안 되면 null 반환
test	매치되면 true, 안 되면 false 반환

3.1 메소드 구성

자바스크립트는 String 클래스와 RegExp 클래스에서 정규 표현식을 사용할 수 있는 메소드를 제공한다. String 클래스는 문자열을 위한 클래스이며 RegExp 클래스는 정규 표현식을 위한 클래스다. 따라서 정규 표현식 측면에서 보면 RegExp 클래스가 주체다.

그런데 아래 [표 3-1: 정규 표현식 메소드 일람표]에서 볼 수 있듯이 String 클래스에 메소드가 더 많다. 이는 패턴에 매치 대상을 매치하는 것이 아니라 매치 대상에 패턴을 매치하기 때문이다. 패턴이 아니라 매치 대상이 중심이다. 이를 이해하는 것이 중요하다. 즉 패턴보다 데이터 중심으로 접근해야 한다. 패턴을 중심으로 데이터를 만드는 것이 아니라 데이터를 기준으로 패턴을 만든다.

[표 3-1: 정규 표현식 메소드 일람표]

클래스	메소드	목적	기능 개요
String	match	검색	매치된 문자열을 배열로 반환, 매치가 안 되면 null 반환
	replace	치환	매치된 문자열을 지정한 문자열로 치환
	search	검색	매치된 문자열의 인덱스 반환, 매치가 안 되면 −1을 반환
	split	분할	매치된 문자로 문자열을 분할하여 반환
RegExp	exec	검색	매치된 문자열 하나를 배열로 반환, 매치가 안 되면 null 반환
	test	검사	매치되면 true, 안 되면 false 반환

'12'.match(/12/)와 같이 작성하면 String 클래스의 match 메소드를 호출하고 /bc/.exec("abc")와 같이 작성하면 RegExp 클래스의 exec 메소드를 호출한다. 만약 12.match(/12/)와 같이 작성하면 Number 클래스에 match 메소드가 없기 때문에 에러가 난다. 이것이 데이터 타입에 따라 클래스를 결정하는 자바스크립트의 메커니즘이다.

패턴 문자는 한정되어 있지만 매치 대상의 데이터는 무한대다. 따라서 매치 대상이 주체가 돼야 한다. 아울러 매치 대상이 문자열 타입이므로 String 클래스에 메소드가 있어야 한다. 그래서 RegExp 클래스보다 String 클래스에 메소드가 더 많다.

▶ 정규 표현식의 주체는 RegExp 클래스

한편 정규 표현식의 주체는 RegExp 클래스이며 String 클래스에 정규 표현식 기능이 없으므로 RegExp 클래스의 메소드를 호출하게 되며 이때 exec 메소드를 호출한다. String 클래스의 메소드에서 exec 메소드를 호출할 때 데이터를 넘겨주고 매치 결과를 반환 받는다. 이와 같이 String 클래스와 RegExp 클래스의 메소드는 서로 유기적인 관계로 구성되어 있다.

패턴을 매치하는 기능이 없으므로 앞의 [표 3-1: 정규 표현식 메소드 일람표]에 작성하지 않았지만 RegExp 클래스에 toString 메소드가 있다. 한편 toString 메소드는 자바스크립트의 모든 클래스에 있다. 이는 자바스크립트가 데이터 타입에 관계없이 우선 데이터를 문자열로 변환한 후 처리하는 메커니즘을 갖기 때문이다.

작성한 패턴을 문자열로 변환하기 위해 toString 메소드를 호출했는데 RegExp 클래스에 이 메소드가 없다면 에러가 날 것이다. 그러면 데이터 타입에 따라 클래스를 결정하여 메소드를 호출하는 메커니즘이 무너진다. toString 메소드는 이를 위한 메소드다. 이 메소드는 디버깅(Debugging)할 때 유용하다.

3.2 값 추출 match( )

match 메소드는 패턴으로 매치 대상을 매치한다. 매치되면 매치 결과를 배열 오브젝트로 반환하고 매치가 안 되면 null을 반환한다. 지금까지 매치되면 배열로 반환한다고 했지만 배열 오브젝트가 정확하다. 배열 오브젝트에는 매치된 결과가 설정된 배열, 매치 대상, 매치된 인덱스가 설정된다. global 플래그를 사용하면 매치된 결과 배열만 설정되고 매치 대상과 매치된 인덱스는 설정되지 않는다.

● [문법]

구분	타입	값
대상	String	매치 대상
파라미터	RegExp	패턴
반환	Array	매치 결과
	property	index: 매치된 인덱스
	property	input: 매치 대상

● [소스: match.js]

```
var result;
result = 'Sports'.match(/s/);
for (var i = 0; i < result.length; i++){
    show(result[i]);
}
show(result.index);
show(result.input);


function returnValue(){
    return 'method';
}
result = returnValue().match(/met/);
for (var i = 0; i < result.length; i++){
    show(result[i]);
}


result = 'StringClass'.match('s');
for (var i = 0; i < result.length; i++){
    show(result[i]);
}


result = 'StringClass'.match('s', 'g');
show(result);
```

● **매치된 문자열을 배열 오브젝트로 반환**

실행 결과	정규 표현식
[s], 배열 오브젝트	result = 'Sports'.match(/s/);

위 코드를 실행하면 [s]가 반환되어 result에 설정된다. 플래그를 지정하지 않았으므로 매치 대상 Sports에서 대소문자를 구분하여 패턴을 매치하게 되며 Sports 끝에 소문자 's'가 있으므로 매치가 된다.

● **index 프로퍼티 : 매치된 인덱스**

실행 결과	정규 표현식
5	result.index;

위 코드를 실행하면 5가 반환되며 5는 매치 대상 Sports에서 소문자 s가 매치된 인덱스 값이다. 배열 인덱스가 0부터 시작하므로 5는 여섯 번째가 되며 Sports에서 소문자 s는 여섯 번째에 있다. 이와 같이 index 프로퍼티는 매치된 인덱스를 제공한다. 단, global 플래그를 지정하면 이를 제공하지 않는다.

● **input 프로퍼티 : 매치 대상**

실행 결과	정규 표현식
Sports	result.input;

위 코드를 실행하면 Sports가 반환되며 이는 매치 대상 문자열 값이다. 이와 같이 input 프로퍼티는 매치 대상에 설정된 값을 제공한다.

▶ **lastIndex 프로퍼티 지원**

정규 표현식은 내부적으로 매치된 마지막 인덱스를 lastIndex 프로퍼티에 설정한다. IE는 lastIndex를 제공하나 Firefox, Opera, Chrome, Safari에서 제공하지 않으므로 사용에 한계가 있다. ECMA-262 문서에 match 메소드에서 lastIndex를 제공하지 않는다고 작성되어 있다.

● **매치 대상에 함수 지정**

실행 결과	정규 표현식
[met]	```function returnValue(){ return 'method'; } result = returnValue().match(/met/);```

위 코드를 실행하면 result에 [met]가 설정된다. 이 코드의 특징은 매치 대상에 함수를 지정한 점이다. 자바스크립트는 좌측에서 우측으로 실행한다. 따라서 returnValue( ) 함수를 먼저 실행하여 'method'를 반환 받아 이 값을 매치 대상으로 하여 패턴을 매치한다. 이와 같이 매치 대상에 문자열이 아닌 함수를 지정할 수 있다. 단, 함수를 실행한 결과 값은 문자열이어야 한다.

▶ **파라미터는 하나만 지정할 수 있다**

ECMA-262 문서에 match(regexp)와 같이 match 메소드에 파라미터를 하나만 지정할 수 있도록 정의되어 있다. 파라미터의 regexp는 파라미터에 RegExp 인스턴스를 지정하거나 /s/g와 같이 패턴 형태로 지정해야 한다는 것을 의미한다. 비록 match 메소드가 String 클래스에 있지만 패턴 형태로 파라미터를 지정해야 한다.

한편 문자열 타입으로 패턴을 지정하면 어떻게 될 것인가? 여기서 정규 표현식과 관련된 자바스크립트의 메커니즘을 조금 더 깊게 살펴 본다.

● **문자열로 패턴 지정**

실행 결과	정규 표현식
[s]	result = 'StringClass'.match('s');

이 코드의 특징은 match 메소드의 파라미터에 패턴 형태가 아닌 's'와 같이 문자열로 지정한 점이다. 문자열 타입으로 지정했는데도 매치가 되어 [s]가 반환되었다. 이것이 가능했던 것은 자바스크립트가 다음과 같은 메커니즘을 갖고 있기 때문이다.

자바스크립트는 match 메소드의 파라미터에 RegExp 인스턴스를 지정하지 않으면 RegExp 생성자 함수를 호출하여 인스턴스를 생성한다. 이때 문자열로 패턴을 지정하면 패턴 형태로 변환한다. 그래서 문자열로 패턴을 지정할 수 있다. 하지만 문자열은 플래그 igm을 지정할 수 없으므로 한계가 있다.

한편 RegExp 생성자 함수의 파라미터는 (pattern, flags)와 같이 패턴과 플래그가 각각 나뉘어 있다. 이를 다른 각도에서 보면 match 메소드 내부에서 파라미터에 지정한 패턴과 플래그를 분리하여 RegExp 생성자 함수에 넘겨준다는 뜻이 된다.

그렇다면 match('s', 'g')와 같이 플래그를 분리해서 작성하면 new RegExp('s', 'g')와 파라미터가 일치하므로 문자열로 플래그 g를 지정할 수 있을 것이다. 하지만 이는 필자의 논리에 지나지 않았다. 다행히도 Firefox 3.0만이 필자의 논리에 부응해 주었다.

▶ match('s', 'g') 형태를 사용할 수 없다

아래 [표 3-2: 문자열 매치 결과]는 'StringClass'.match('s', 'g') 형태로 매치한 결과다. 첫 번째 파라미터에 문자열로 패턴을 지정하더라도 모든 브라우저에서 매치를 행한다. 여기까지는 문제가 없다. 두 번째 파라미터에 지정한 플래그 g를 Firefox만 적용하므로 이 형태를 사용할 수 없다. match 메소드에 파라미터를 하나만 지정하도록 ECMA-262 문서에 작성되어 있으므로 더 이상 말을 못하지만 왠지 씁쓸한 여운이 남는다.

[표 3-2: 문자열 매치 결과]

브라우저	결과
IE 7.0	[s]
Firefox 3.0	[s, s]
Chrome 3.0	[s]
Safari 3.2	[s]
Opera 10.10	[s]

3.3 인덱스 추출 search( )

search 메소드는 패턴으로 검색 대상을 검색한다. 검색되면 매치된 첫 문자의 인덱스를 반환하고 검색이 안 되면 −1을 반환한다. 다수가 매치되더라도 첫 번째 인덱스만 반환한다. ECMA-262 문서에 global 프로퍼티를 무시한다고 되어 있으며 이는 매치된 인덱스 하나만 반환한다는 뜻이다.

● [문법]

구분	타입	값
대상	String	검색 대상
파라미터	RegExp, String	검색 기준
반환	Number	매치된 인덱스, 매치가 안 되면 −1

● [소스: search.js]

```javascript
var result;
result = 'Sports'.search(/s/);
show(result);


result = 'Class'.search(/s/g);
show(result);


result = 'Class'.search(/K/);
show(result);


result = 'Class'.search('s');
show(result);
```

● 매치된 첫 번째 인덱스 반환

실행 결과	정규 표현식
5	'Sports'.search(/s/);

패턴에 소문자 s를 지정했으며 매치 대상 Sports의 여섯 번째에 소문자 s가 있으므로
매치가 된다. 반환된 5는 매치된 인덱스다. 이와 같이 search 메소드는 매치된 인덱스
를 반환한다.

● 플래그 g를 적용하지 않음

실행 결과	정규 표현식
3	'Class'.search(/s/g)

패턴에 소문자 s를 지정하고 플래그 g를 지정했다. 매치 대상 Class에 소문자 s가 두
개 있지만 첫 번째로 매치된 인덱스 3을 반환했다. 플래그 g를 지정했지만 인덱스가
하나만 반환되었다. 이는 플래그 g를 적용하지 않기 때문이다.

● 매치되지 않으면 −1 반환

실행 결과	정규 표현식
−1	'Class'.search(/K/)

패턴에 대문자 K를 지정했으며 매치 대상 'Class'에 대문자 K가 없으므로 −1을 반환
했다. 이와 같이 매치되지 않으면 −1을 반환한다.

● 문자 타입으로 조건 지정

실행 결과	정규 표현식
3	'Class'.search('s')

이 코드의 특징은 메소드의 파라미터에 패턴이 아닌 문자열로 지정한 점이다. 이와 같
이 문자열로 매치 조건을 지정할 수 있다. 한편 패턴 대신 문자열로 지정하여 검색하

는 것은 자바스크립트의 indexOf 메소드가 시작 위치를 지정할 수 있으므로 유연성이 높다. 따라서 search 메소드는 다양한 조건을 패턴 형태로 지정하여 검색할 때 사용하는 것이 유용하다.

3.4 매치 결과 분리 split( )

split 메소드는 매치 결과를 분리하여 배열로 반환한다. 첫 번째 파라미터에 매치 대상을 분리할 구분자를 지정한다. 패턴 또는 문자열을 사용할 수 있다. 두 번째 파라미터 지정은 선택이다. 숫자 값을 지정하면 지정한 수만큼의 배열 엘리먼트를 반환하고 지정하지 않으면 분리한 배열 전체를 반환한다.

첫 번째 파라미터에 지정한 구분자를 기준으로 매치 대상을 분리하므로 하나가 매치되면 두 개의 엘리먼트를 갖는 배열이 반환된다. 이때 파라미터에 지정한 구분자는 배열에 설정되지 않는다. 구분자 앞 또는 뒤에 값이 없으면 빈 엘리먼트가 설정된다. 배열에 설정할 값이 없다고 해서 배열이 당겨지는 것이 아니라 빈 값으로 설정된다.

첫 번째 파라미터를 지정하지 않거나 지정한 구분자가 매치되지 않으면 매치 대상을 하나의 배열 엘리먼트로 반환한다. split(' ')와 같이 파라미터에 빈 문자열을 지정하면 매치 대상을 문자 단위로 분리한다. 예를 들어 매치 대상에 다섯 개의 문자가 있으면 다섯 개의 배열 엘리먼트가 반환된다.

패턴에 패턴 문자 괄호( )가 작성되어 있으면 괄호 안에 작성한 구분자를 배열 엘리먼트로 설정한다. 예를 들어 괄호가 두 개인 경우 두 개의 배열 엘리먼트가 더 생기며 괄호 안에 작성한 구분자가 각 배열 엘리먼트에 설정된다.

● [문법]

구분	타입	값
대상	String	매치 대상
파라미터	RegExp/String	구분자: 패턴 또는 문자열
	Number	반환 수: 지정하지 않으면 전체를 반환
반환	Array	분리 결과

● [소스: split.js]

```javascript
var result;
result = '12_34_56'.split('_');
show(result);


result = '12_34_56'.split(/_/);
show(result);


result = '12_34_56'.split('S');
show(result);


result = '12_34_56'.split();
show(result);


result = '12_34_56'.split('');
show(result);


result = '_12_34'.split('_');
show(result);


result = '_12_34'.split(/_/);
show(result);


result = '12A34A56'.split(/(A)/);
show(result);


result = '12_34_56'.split('_', 2);
show(result);
```

● **구분자로 분리하여 배열로 반환**

실행 결과	정규 표현식
[12, 34, 56]	'12_34_56'.split('_');
	'12_34_56'.split(/_/);

첫 번째 코드는 문자열로 언더바(_)를 지정했으며 매치 대상에 언더바가 두 개 있으므로 [12, 34, 56]이 반환된다. 두 번째 코드는 패턴 형태로 언더바를 지정했으며 같은 결과가 반환되었다. 이와 같이 split 메소드는 첫 번째 파라미터에 지정한 구분자로 매치 대상을 분리하여 배열로 반환한다.

● **매치되지 않으면 매치 대상을 배열로 반환**

실행 결과	정규 표현식
[12_34_56]	'12_34_56'.split('S')
	'12_34_56'.split();

첫 번째 코드 패턴에 대문자 S를 문자열로 지정했으며 매치 대상에 'S'가 없는데 [12_34_56]이 반환되었다. 두 번째 코드에 패턴을 지정하지 않았으나 같은 결과가 반환되었다. 이와 같이 구분자가 매치 대상에 없거나 패턴을 지정하지 않으면 매치 대상을 하나의 배열 엘리먼트로 반환한다.

● **값이 없는 구분자를 지정하면 매치 대상의 모든 문자를 분리해서 반환**

실행 결과	정규 표현식
[1, 2, _, 3, 4, _, 5, 6]	'12_34_56'.split('')

[1,2,_,3,4,_,5,6]이 반환된 것은 값이 없는 구분자를 패턴에 지정했기 때문이다. 작은 따옴표만 작성했지만 이는 구분자를 지정한 것이며 다만 값이 없을 뿐이다. 이와 같이 값이 없는 구분자를 지정하면 매치 대상 문자를 하나씩 분리하여 배열로 반환한다.

● **설정할 값이 없으면 빈 값을 설정**

실행 결과	정규 표현식
[' ', 12, 34]	'_12_34'.split('_')

구분자로 매치 대상을 분리하면 구분자를 중심으로 앞과 뒤의 문자열이 분리되는데, 이때 분리된 문자열에 값이 없으면 빈 값을 배열 엘리먼트에 설정한다. 반환된 [' ', 12, 34]에서 첫 번째 엘리먼트에 빈 값이 설정된 것은 이 때문이다.

● **구분자 형태에 따른 브라우저 차이**

실행 결과	정규 표현식
[' ', 12, 34]	'_12_34'.split(/_/)

위 정규 표현식과 바로 앞의 정규 표현식의 차이는 문자열과 패턴 형태로 언더바를 지정한 것이다. 두 형태의 정규 표현식을 실행하면 아래 [표 3-3: 분리 결과]와 같이 배열에 값이 설정된다.

[표 3-3: 분리 결과]

브라우저	/_/ 결과	'_' 결과
IE 7.0	[12, 34]	[' ', 12, 34]
Firefox 3.0	[' ', 12, 34]	[' ', 12, 34]
Chrome 3.0	[' ', 12, 34]	[' ', 12, 34]
Safari 3.2	[' ', 12, 34]	[' ', 12, 34]
Opera 10.10	[' ', 12, 34]	[' ', 12, 34]

패턴 형태로 구분자를 지정했을 때 IE 7.0은 첫 번째 배열 엘리먼트에 빈 값을 설정하지 않고 다른 브라우저는 빈 값을 설정한다. 한편 문자열 값으로 구분자를 지정하면 모든 브라우저가 빈 값을 설정한다. 따라서 패턴 형태로 구분자를 지정하는 것은 피해야 한다.

그렇다고 향후 IE 버전에서 이를 바꾸게 되면 이미 개발된 수많은 프로그램에 영향을 미치게 되므로 바꿔서도 안 된다. 따라서 이 같은 상황이 발생할 가능성이 있다면 이를 반영할 별도의 메소드를 만들어야 한다.

● **패턴 문자 괄호( )의 브라우저 차이**

실행 결과	정규 표현식
[표 3-4: 괄호 사용 결과] 참조	'12A34A56'.split(/(A)/)

패턴 문자 괄호( )는 괄호 안에 지정한 값을 별도로 기억하며 이를 캡처(Capture)라고 한다. 또한 배열 엘리먼트에 캡처된 값을 설정한다. 즉 괄호를 사용하면 괄호 안에 지정한 구분자가 배열 엘리먼트에 설정된다. 따라서 분리된 문자와 구분자를 전부 배열로 반환 받을 수 있다.

그런데 브라우저에 따라 차이가 있다. 아래 [표 3-4: 괄호 사용 결과]는 위 정규 표현식을 실행한 결과다. IE 7.0에서 구분자를 배열 엘리먼트에 설정하지 않으므로 주의를 기울여야 한다.

[표 3-4: 괄호 사용 결과]

브라우저	/(A)/ 결과
IE 7.0	[12, 34, 56]
Firefox 3.0	[12, A, 34, A, 56]
Chrome 3.0	[12, A, 34, A, 56]
Safari 3.2	[12, A, 34, A, 56]
Opera 10.10	[12, A, 34, A, 56]

● **두 번째 파라미터 값 지정**

실행 결과	정규 표현식
[12, 34]	'12_34_56'.split('_', 2)

split 메소드의 두 번째 파라미터에 숫자 값을 지정하면 지정한 수만큼 배열 엘리먼트를 반환한다. [12, 34, 56]이 반환되어야 하나 두 번째 파라미터에 2를 지정했으므로 [12, 34]만 반환되었다. 만약 배열 엘리먼트 수보다 큰 값을 지정하면 배열 전체를 반환한다.

3.5 값 치환 replace( )

replace 메소드는 매치된 문자열을 지정한 값으로 변경한다. 첫 번째 파라미터에 매치할 패턴을 지정하고, 두 번째 파라미터에 매치되었을 때 변경할 값을 지정한다. 첫 번째 파라미터에 문자열을 지정할 수 있으며 두 번째 파라미터에 문자열, 패턴, 함수를 지정할 수 있다. 함수를 지정하면 먼저 함수를 호출하고 반환된 값을 변경할 값으로 사용한다.

● [문법]

구분	타입	값
대상	String	변경 대상
파라미터	RegExp/String	패턴 또는 문자열
	String/Function/RegExp	변경할 값, 함수, 패턴
반환	String	변경 결과

● [소스: replace.js]

```javascript
var result;
result = '12_34_12'.replace('12', 77);
show(result);


result = '12_34_12'.replace(/12/g, 77);
show(result);


function returnValue(){
```

```
}
result = '12_34_12'.replace(/12/g, returnValue());
show(result);
```

● **매치된 문자열을 지정한 값으로 변경**

실행 결과	정규 표현식
77_34_12	'12_34_12'.replace('12', 77);

첫 번째 파라미터에 지정한 12로 변경 대상에 매치하고 매치가 되면 두 번째 파라미터에 지정한 77로 바꾼다. 변경 대상 12_34_12에서 첫 번째의 12가 매치되므로 이 값을 77로 바꿔 77_34_12가 반환되었다. 한편 변경 대상 끝의 12를 77로 바꾸려면 global 플래그를 사용해야 하므로 문자열 형태가 아닌 패턴 형태로 지정해야 한다.

● **매치된 전체 문자열을 지정한 값으로 변경**

실행 결과	정규 표현식
77_34_77	'12_34_12'.replace(/12/g, 77);

매치 기준을 패턴 형태로 작성하고 global 플래그를 지정했으므로 매치 대상의 12가 전부 77로 변경되었다.

● **변경 값에 함수를 지정**

실행 결과	정규 표현식

AA_34_AA	function returnValue( ){
	    return 'AA';
	}
	'12_34_12'.replace(/12/g, returnValue( ));

replace 메소드의 두 번째 파라미터에 함수를 지정한 형태다. replace 메소드를 실행하기 전에 파라미터에 지정한 함수를 먼저 실행하여 반환된 값을 변경할 값으로 사용한다. returnValue 함수에서 'AA'를 반환하므로 12가 'AA'로 대체되었다.

3.6 매치 여부 test( )

test 메소드는 패턴을 매치 대상에 매치하여 매치 여부를 반환한다. test 메소드는 String 클래스의 메소드와 달리 파라미터에 매치 대상을 지정하고 메소드 앞에 패턴을 지정한다. 매치되면 true를 반환하고 매치되지 않으면 false를 반환한다.

● [문법]

구분	타입	값
패턴	RegExp	패턴
파라미터	String	매치 대상
반환	Boolean	매치 결과, true: 매치 성공, false: 매치 실패

● [소스: test.js]

```
var result = /12/.test('12_34_12');
show(result);
```

● 매치 결과를 true/false로 반환

실행 결과	정규 표현식
true	/12/.test('12_34_12')

정규 표현식 형태에서 볼 수 있듯이 패턴을 앞에 작성하고 매치 대상을 파라미터에 지정한다. 매치 대상 12_34_12에 12가 있으므로 true가 반환되었다. 이와 같이 test 메소드는 매치가 되면 true를, 아니면 false를 반환한다. 하나라도 매치되면 true를 반환하므로 global 플래그는 의미가 없다.

3.7 하나만 매치 exec( )

exec 메소드는 패턴을 매치 대상에 매치하여 결과를 배열 오브젝트로 반환한다. exec 메소드는 String 클래스의 메소드와 달리 파라미터에 매치 대상을 지정하고 메소드 앞에 패턴을 지정한다. 매치가 되면 배열 엘리먼트 하나만 반환한다. 다수가 매치되더라도 첫 번째 매치된 결과만 반환한다. 매치되지 않으면 null을 반환한다.

● [문법]

구분	타입	값
패턴	RegExp	패턴
파라미터	String	매치 대상
반환	Array, null	매치 결과
	property	index: 매치된 인덱스
	property	input: 매치 대상

● [소스: exec.js]

```
var result;
result = /12/.exec('12_34_12');
show(result);


show(result.index);
show(result.input);


result = /12/g.exec('12_34_12');
show(result);


result = /a/i.exec('ABAB');
show(result);
```

● **매치된 결과를 배열 오브젝트로 반환**

실행 결과	정규 표현식
[12]	var result = /12/.exec('12_34_12')

정규 표현식 형태에서 볼 수 있듯이 패턴을 메소드 앞에 작성하고 매치 대상을 파라미터에 지정한다. 매치 대상 12_34_12에 12가 있으므로 [12]가 반환되었다.

● **index: 매치된 인덱스**

실행 결과	정규 표현식
0	result.index;

index는 반환된 배열 오브젝트에 포함된 프로퍼티로 매치된 인덱스가 설정된다. 매치 대상 12_34_12에 12를 매치하면 첫 번째 12가 매치되며 매치된 12에서 1의 인덱스 값은 0이다.

● **input: 매치 대상**

실행 결과	정규 표현식
[12_34_12]	result.input;

input은 반환된 배열 오브젝트에 포함된 프로퍼티로 매치 대상이 설정된다.

● **플래그 g를 적용하지 않음**

실행 결과	정규 표현식
[12], index: 0	/12/g.exec('12_34_12')

패턴에 /12/g와 같이 global 플래그를 지정했지만 [12]만 반환된 것은 첫 번째 매치되는 값만 반환하기 때문이다. 즉 플래그 g를 적용하지 않는다.

● **플래그 i는 적용함**

실행 결과	정규 표현식
[A], index: 0	/a/i.exec('ABAB');

패턴에 /a/i와 같이 소문자 a와 플래그 i를 지정했으며 [A]가 반환되었다. 이는 플래그 i를 적용한다는 의미다.

3.8 match 메소드와 exec 메소드 간 인터페이스

String 클래스에서 정규 표현식과 관련된 메소드 중 match 메소드는 단연 돋보인다. 하지만 match 메소드는 정규 표현식 기능이 없으므로 exec 메소드를 호출해야 한다. 이 절에서는 match 메소드와 exec 메소드 간의 내부 흐름을 살펴 본다. 이는 전체적인 관점에서 정규 표현식을 바라보기 위함이다.

▶ **패턴은 한 번만 설정**

match 메소드를 호출하면 내부에서 new RegExp( )를 실행하여 RegExp 인스턴스를 생성한다. 이때 match 메소드에 지정한 패턴을 RegExp 생성자 함수에 파라미터로 넘겨주며 RegExp 인스턴스에 패턴이 설정된다. match 메소드에 매치 대상과 패턴을 지정했지만 RegExp 인스턴스에는 패턴만 설정된다.

이는 RegExp 인스턴스에 패턴이 설정되므로 패턴이 변경되지 않으면 생성한 RegExp 인스턴스를 재사용할 수 있다는 것을 반증한다. 매치 대상의 데이터만 변경되면 RegExp 인스턴스를 다시 생성하지 않아도 된다.

▶ **exec 메소드 호출**

match 메소드는 반환된 RegExp 인스턴스에 설정된 exec 메소드를 호출한다. 이때 매치 대상을 파라미터로 넘겨준다. 그래서 exec 메소드의 파라미터 타입이 패턴이 아니라 문자열이다. 호출 받은 exec 메소드는 내부 함수를 사용해 매치를 행한다. 매치가 되면 배열을 반환하고 안 되면 null을 반환한다.

match 메소드는 반환 받은 값을 자신이 반환할 값에 정리한다. 정리한다는 것은 매치 된 값의 설정, index/input 프로퍼티 값 설정을 의미하며 다시 exec 메소드 호출 여부를 포함한다. global 플래그를 지정하지 않았다면 정리한 값을 반환하고 종료한다. 따라서 배열 오브젝트로 반환된다.

▶ 플래그 g를 지정하면 다시 exec 메소드 호출

한편 global 플래그를 지정했다면 또 다시 exec 메소드를 호출한다. 이때 매치 대상 에서 매치된 것을 제외하고 매치 대상을 파라미터로 넘겨준다. 그러면 exec 메소드는 매치를 행하고 결과를 반환한다. 이와 같은 일련의 처리를 매치 대상 끝까지 반복한 다. 이것이 match와 exec 메소드 간의 처리 흐름이다.

3.9 정규 표현식에 대한 논단

메소드를 통해 아키텍처와 메커니즘을 읽을 수 있다. 메소드가 동작하는 형태를 보면 어느 정도 아키텍처와 메커니즘이 눈에 들어오게 된다. 특히 exec 메소드와 같이 클 래스의 중심이 되는 메소드는 더욱 그러하다. exec 메소드는 RegExp 클래스의 투시 경이라고 할 수 있다.

▶ 객체지향의 본질 파괴

exec 메소드가 global 플래그를 지원하지 않는다는 것은 단순한 측면에서 보면 괜찮 은 접근이다. 하지만 이는 아키텍처와 메커니즘 관점에서 보면 잘못된 접근이다. 확장 성도 약하고 코드가 중복될 가능성이 높다. 단순함을 추구하다가 객체지향의 본질을 깨뜨리는 누를 범했다.

match 메소드에서 exec 메소드의 반복 호출 여부를 체크하는 코드는 다른 메소드에 도 존재할 수 있다. 메소드가 늘어날 때마다 이와 유사한 코드를 각 메소드에서 갖고 있어야 한다. exec 메소드에서 모든 매치를 행한 후 결과를 보내주면 각 메소드에서 이를 정리하여 반환하면 된다. 그러면 코드 중복이 발생하지 않는다. 자바스크립트의 this 개념을 활용하면 보다 강력하게 처리할 수 있다. 객체지향 관점에서 보면 RegExp 클래스는 클래스의 역할과 책임을 전가한 것이다.

match 메소드에서 exec 메소드를 호출할 때마다 매치되지 않은 매치 대상을 정리해서 넘겨줄 것이 아니라 한번에 exec 메소드에 넘겨준다. 그러면 exec 메소드는 이를 매치해서 결과를 반환하고 match 메소드는 이를 받아 String 클래스가 갖는 문자열 처리 기능을 추가해서 정리한 후 반환하면 된다. 그래야 클래스 고유 역할과 책임을 다하게 되고 한 번에 처리가 끝난다.

▶ 난해함의 극치

시스템을 개발하는 방법론에는 여러 가지가 있으며 그 중에는 대화 중심의 방법론도 있다. 물론 세세함의 차이는 있지만 대화 중심의 방법론에도 스펙은 있다. 한편 스펙 중심의 방법론은 스펙만 보고 시스템을 개발할 수 있도록 스펙을 작성한다. 거의 대화가 필요하지 않으며 스펙 그대로 프로그램을 개발하면 된다.

필자는 후자의 방법론을 선호하며 이 방법으로 프로젝트를 성공한 횟수는 수없이 많다. 한편 ECMA-262 문서는 자바스크립트와 정규 표현식의 표준 스펙이다. 따라서 이를 봐야 자바스크립트와 정규 표현식의 정도를 걸어갈 수 있다. 이 문서를 통해 자바스크립트와 정규 표현식의 논리, 사상, 아키텍처, 메커니즘을 알 수 있다. 그런데 스펙을 중시하는 필자에게 있어 ECMA-262 문서는 충격 그대로다.

다른 부분은 그렇다 하더라도 정규 표현식에 관한 ECMA-262 문서는 난해함의 극치다. 정규 표현식 스펙은 바람 앞에 놓인 등불과 같다. 표준이니 어쩔 수 없이 머리를 싸매고 있지만 너무 심하다. 프로젝트에서 이렇게 스펙을 썼다가는 여러 사람 고생시킨다.

매치 위치 지정

패턴에 지정한 문자열 값이 매치 대상의 어디에 있든지 있기만 하면 매치가 된다. 그런데 필요에 따라서는 첫 번째 문자부터 있어야 하거나 마지막에 있어야 할 때도 있다. 즉 위치를 지정하여 매치를 행하는 것이다.

'ABC BC BCD' 값을 가진 매치 대상에 플래그 g를 지정하여 BC를 매치하면 세 개의 BC가 반환된다. 이때 'ABC '와 같이 마지막에 공백이 있는 문자열을 매치할 수 있으며 ' BCD'와 같이 앞에 공백이 있는 문자열을 매치할 수 있다. 또한 ' BC '와 같이 앞과 뒤에 모두 공백이 있는 문자열을 매치할 수 있다.

4장에서는 다음 목록의 패턴을 다룬다.

패턴	개요
^	매치 대상 처음부터 매치
$	매치 대상 끝에 매치
\B	63개 문자에 매치
\b	63개 이외 문자에 매치

4.1 처음부터 매치 ^

매치 대상의 처음부터 매치하는 패턴 문자가 캐럿(caret: ^)이다. 패턴에 문자를 하나
만 지정했을 때는 첫 문자가 같으면 매치된다. 한편 패턴에 여러 개의 문자를 지정하
면 매치 대상의 처음부터 모두 같아야 매치된다. 패턴에 지정한 문자열 값이 매치 대
상의 두 번째 인덱스 이후에 있으면 매치되지 않는다.

패턴 문자 캐럿(^)을 작성하고 연이어 매치할 문자를 작성한다. 캐럿(^)을 [^]와 같이
대괄호[] 안에 작성하면 처음부터 매치하지 않고 전혀 다른 매치를 행한다. 패턴을 간
단하게 작성하면 쉽게 보이지만 패턴 문자를 길게 연결하면 혼동할 수 있으므로 대괄
호 안에 작성 여부를 체크해야 한다.

● [소스: caret.js]

```javascript
var result;
result = '12_34_12'.search(/^34/);
show(result);


result = '12_34_12'.search(/^12/);
show(result);


var value = 'first\u000aStart\u000aStart';
result = value.search(/^Start/);
show(result);


result = value.search(/^Start/m);
show(result);
```

● 처음에 매치

실행 결과	정규 표현식
−1	'12_34_12'.search(/^34/);
0	'12_34_12'.search(/^12/)

첫 번째 코드에서 −1이 반환된 것은 패턴에 지정한 34가 매치 대상에 있지만 맨 처음에 있지 않고 중간에 있기 때문이다. search 메소드는 매치가 되면 매치된 첫 문자의 인덱스를 반환하고 매치되지 않으면 −1을 반환한다.

두 번째 코드에서 0이 반환된 것은 패턴에 지정한 12가 매치 대상의 맨 앞에 있기 때문이다. 매치 대상의 처음에 매치하므로 0이 반환된 것은 당연하다.

● 줄 바꿈 이전까지 매치

실행 결과	정규 표현식
−1	value = 'first\u000aStart\u000aStart'; value.search(/^Start/);

매치 대상의 \u000a는 줄 바꿈을 나타낸다. 패턴에 지정한 Start가 매치 대상에 있지만 첫 번째 줄이 아닌 두 번째 줄과 세 번째 줄에 있으므로 매치되지 않는다. 그래서 −1이 반환되었다. 줄 전체에 매치하려면 multiline 플래그를 지정해야 한다.

● 줄 전체에 매치

실행 결과	정규 표현식
6	value.search(/^Start/m);

위 패턴과 바로 앞 패턴의 차이는 플래그 m의 지정이다. 플래그 m을 지정했더니 6이 반환되었다. 한편 인덱스 6은 매치 대상을 하나의 문자열로 본 것이며 줄 바꿈도 문자로 인식한 결과다.

4.2 끝에 매치 $

매치 대상 끝에 매치하는 패턴 문자가 달러(dollar: $)다. 끝은 매치 대상의 마지막을
의미한다. 패턴에 여러 개의 문자를 지정하면 매치 대상의 끝에서부터 거슬러 올라가
면서 모든 문자가 일치해야 매치된다. 하나라도 다르거나 끝이 아니면 매치되지 않는
다. 캐럿(^)은 ^123과 같이 매치할 문자열을 뒤에 작성하지만 달러($)는 123$와 같이
매치할 문자열을 앞에 작성한다.

● [소스: dollar.js]

```
var result;
result = '12_34_12'.search(/34$/);
show(result);


result = '12_34_12'.search(/12$/);
show(result);


var value = 'ccStart\u000aStart\u000aStart';
result = value.search(/Start$/);
show(result);


result = value.search(/Start$/m);
show(result);
```

● 끝에 매치

실행 결과	정규 표현식
−1	'12_34_12'.search(/34$/)
6	'12_34_12'.search(/12$/);

첫 번째 코드에서 −1이 반환된 것은 패턴에 지정한 34가 매치 대상에 있지만 끝에 있

지 않고 중간에 있기 때문이다. 두 번째 코드에서 6이 반환된 것은 패턴에 지정한 12가 매치 대상 끝에 있으며 12에서 1의 인덱스가 6이기 때문이다.

● **줄 바꿈도 끝부터 매치**

실행 결과	정규 표현식
14	value = 'ccStart\u000aStart\u000aStart'; value.search(/Start$/);

매치 대상에 \u000a가 두 개 있으므로 세 줄이 된다. 패턴에 지정한 Start가 각 줄에 있지만 반환 값이 14인 것은 마지막 줄의 Start에 매치된 것을 의미한다. 매치 대상에 줄 바꿈이 있으면 마지막 줄 끝에 매치한다.

● **플래그 m은 앞부터 매치**

실행 결과	정규 표현식
2	value.search(/Start$/m);

패턴에 플래그 m을 지정했으며 2가 반환되었다. 매치 대상 각 줄 끝에 Start가 있지만 2가 반환된 것은 첫 번째 줄의 Start에 매치된 것을 의미한다. 플래그 m을 지정하면 첫 번째 줄 끝에 매치하고 매치가 안 되면 다음 줄을 매치한다. value 변수에 'ccStartAA\u000aStart\u000aStart'를 설정하면 10이 반환된다.

● **^$ 매치**

실행 결과	정규 표현식
0	var startEnd = ''; result = startEnd.search(/^$/);

패턴 /^$/는 매치 대상에 문자가 하나도 없을 때 매치된다. 만약 공백이라도 있으면 값이 있는 것이므로 매치되지 않는다. 이때 실행 결과 값 0은 매치된 것을 의미하며 매치되지 않으면 search 메소드를 사용했으므로 −1이 반환된다.

한편 0이 반환되었다 해도 실제로 매치 대상에 값이 있는 것이 아니므로 유의해야 한다. var first = startEnd.charAt(0)을 실행하면 first 변수에 빈 값(' ')이 설정되며 자바스크립트에서는 이것도 값이다.

일반적으로 문자열 값의 존재 여부를 체크할 때 search 메소드를 사용한다. 메소드에서 반환한 값이 –1이면 값이 없는 것으로 인식하며 0과 같거나 0보다 크면 값이 있는 것으로 인식한다. 이때 실제로 값이 없는데도 0이 반환되므로 예상치 못한 결과를 초래할 수 있다. 따라서 이 패턴은 완전한 형태라고 할 수 없다.

4.3 63개 문자 매치 \B

\B와 같이 역슬래시(\)와 연이은 문자가 합해져서 특수 기능을 수행하는 문자를 특수 문자라고 한다. 특수 문자 용어에 대해서는 '7. 이스케이프 문자 클래스'에서 다루고 있지만 일단 특수 문자로 표기한다.

\B는 63개 문자에 매치한다. 63개 문자는 영문 대문자(26), 소문자(26), 숫자(10), 언더바(_)를 합한 63개 문자를 나타낸다. 역슬래시(\)에 연이어 대문자 B를 작성하며 매치할 위치에 \B를 지정한다. '문자열\B' 형태로 작성하면 63개 문자가 매치되고 그 앞에 지정한 문자열이 매치돼야 최종적으로 매치로 처리된다. 아울러 '\B문자열', '\B문자열\B' 형태로 63개 문자 매치 조건을 지정할 수 있다.

● [소스: include.js]

```javascript
var result;
result = 'A12A 12B 12A'.match(/12\B/g);
show(result);


result = 'A12 B12 12'.match(/12\B/g);
show(result);
```

```
result = 'A12 12 C12'.match(/\B12/g);
show(result);


result = 'A12 12 C12'.match(/\B12\B/g);
show(result);


result = 'A12B C12D E12F'.match(/\B12\B/g);
show(result);
```

● **뒤의 63개 문자에 매치**

실행 결과	정규 표현식
[12, 12, 12]	'A12A 12B 12A'.match(/12\B/g);
null	'A12 B12 12'.match(/12\B/g)

첫 번째 코드 패턴에 /12\B/g를 지정했으므로 12에 연이어 63개 문자가 오면 매치되며 플래그 g를 지정했으므로 매치된 결과를 전부 반환한다. 매치 대상에서 12에 연이어 63개 문자가 있는 것은 A12A, 12B, 12A이므로 [12, 12, 12]가 반환되었다. \B에 위치한 문자열은 반환하지 않는다.

두 번째 코드 패턴이 첫 번째 코드 패턴과 같은데 매치가 안 된 것은 12에 연이어 63개 문자를 가진 문자열이 하나도 없기 때문이다. A12, B12 다음의 공백은 63개 문자가 아니므로 매치되지 않는다. 마지막 12 다음에는 문자가 없다. 값이 없는 것도 값이며 이는 63개 문자가 아니므로 매치되지 않는다. 그래서 null이 반환되었다.

● **앞의 63개 문자에 매치**

실행 결과	정규 표현식
[12, 12]	'A12 12 C12'.match(/\B12/g);

패턴에 /\B12/g를 지정했으므로 12 앞에 63개 문자가 있으면 매치된다. 매치 대상에서 12 앞에 63개 문자가 있는 것은 A12와 C12이므로 [12, 12]가 반환되었다.

● **앞/뒤 모두 63개 문자에 매치**

실행 결과	정규 표현식
null	'A12 12 C12'.match(/\B12\B/g);
[12, 12, 12]	'A12B C12D E12F'.match(/\B12\B/g);

첫 번째 코드에서 null이 반환된 것은 12의 앞과 뒤에 63개 문자를 가진 문자열이 없기 때문이다. 앞 또는 뒤 한쪽에만 63개 문자가 있으면 매치되지 않는다.

두 번째 코드에서 모두 매치된 것은 A12B에서 12 앞/뒤에 AB가 있고, C12D에서 CD가 있고, E12F에서 EF가 있기 때문이다.

4.4 단어 경계 \b

\b는 63개 이외 문자에 매치한다. 여기서 63개 이외 문자는 영문 대문자(26), 소문자(26), 숫자(10), 언더바(_)를 합한 63개 문자를 제외한 모든 문자를 의미한다. 한글, &, #과 같은 문자가 이에 속한다. 예를 들어 매치 대상 문자열 값이 '12개월'일 때 '개월'은 63개 이외 문자이므로 /12\b/로 매치하면 매치가 된다.

이 개념을 단어 경계라고 한다. 그 동안 사용 관례가 있어 혼란을 피하기 위해 이 용어를 사용했지만 필자는 그리 탐탁하게 생각하지 않는다. 그 이유는 첫째, ECMA-262 문서에서 이 단어를 사용하고 있지 않다. 그렇다고 이 용어를 풀어 쓴 것도 아니며 단지 \b로 표기했다.

둘째, '12개월', 'A급'과 같이 한글이 포함되었을 때 단어 경계가 모호하기 때문이다. '12개월'과 'A급'을 단어로 볼 수 있지만 \b로 매치하면 모두 매치가 되므로 단어가 아니다. 셋째, 필자가 이 개념을 표현할 단어를 제시할 수 없다는 점이다. 그래서 이 책에서는 되도록 '63개 이외 문자'와 같이 다소 길더라도 직관적으로 표기한다.

● [소스: except.js]

```javascript
var result;
result = 'A12A 12B 12A'.match(/12\b/g);
show(result);


result = 'A12 12B 12C'.match(/12\b/g);
show(result);


result = 'A12 12B 12'.match(/12\b/g);
show(result);


result = '표현 표현 표현'.match(/표현\b/g);
show(result);


result = '12표현 표현12표현 12표현'.match(/12\b/g);
show(result);


result = 'A급 '.match(/A급\b/);
show(result);


result = 'A와B '.match(/A와B\b/);
show(result);


result = 'A12 12 C12'.match(/\b12/g);
show(result);


result = '12 12 C12'.match(/\b12/g);
show(result);


result = 'A12 12 C12'.match(/12\b/g);
show(result);


result = 'A12 12 C12'.match(/\b12\b/g);
show(result);
```

● **63개 이외 문자에 매치**

실행 결과	정규 표현식
null	'A12A 12B 12A'.match(/12\b/g);
[12]	'A12 12B 12C'.match(/12\b/g);

첫 번째 코드에서 null이 반환된 것은 모두 매치되지 않았다는 것을 의미하며 이는 12 뒤에 63개 이외 문자를 가진 문자열이 하나도 없기 때문이다. A12A, 12B, 12A 모두 12 뒤에 작성한 문자가 63개 문자인 A, B이므로 매치되지 않는다.

두 번째 코드에서 [12]가 반환된 것은 12 뒤에 63개 이외 문자를 가진 문자열이 하나 있다는 것을 의미한다. 매치 대상 처음의 A12 뒤에 63개 이외 문자인 공백이 있으므로 매치된다. 12B와 12C는 12 뒤에 63개 문자가 있으므로 매치되지 않는다.

● **매치 대상 끝은 63개 이외 문자로 인식**

실행 결과	정규 표현식
[12, 12]	'A12 12B 12'.match(/12\b/g);

[12, 12]가 반환된 것은 12 뒤에 63개 이외 문자를 가진 문자열이 두 개 있다는 것을 의미한다. A12에 연이어 공백이 있으므로 이는 매치가 된다. 12B는 12 뒤에 63개 문자가 있으므로 매치되지 않는다. 그럼 매치 대상 마지막의 12가 매치되었다는 뜻이 되며 12가 매치 대상 끝에 있으면 매치된다.

마지막의 12가 매치된 것은 생각해 볼 점이 있다. 12 다음에 63개 이외 문자를 작성하지 않았는데도 이를 63개 이외 문자로 인식하여 매치로 처리했다. 이는 ECMA-262 문서 스펙에서 기인한다.

```
If a is true and b is false, return true.
```

위 문장은 ECMA-262 문서에 작성된 \b에 관한 스펙이다. a, b는 63개 문자와 매치

될 때 true가 된다. a에 2를 매치한 결과가 설정되고 b에 2 다음 문자를 매치한 결과가 설정된다. 따라서 a는 true가 되고 b는 false가 되므로 true가 반환되어 매치로 처리된다. 그래서 매치 대상 마지막의 12가 매치로 처리된 것이다.

```
If a is false and b is true, return true.
```

위 문장은 앞의 영어 문장에 연이어 작성되어 있다. 바로 앞에서 마지막 문자가 false이면 매치되듯이 처음 문자가 \b12와 같은 형태이면 매치로 처리된다.

● 한글은 63개 이외 문자

실행 결과	정규 표현식
null	'표현 표현 표현'.match(/표현\b/g)
[12, 12, 12]	'12표현 표현12표현 12표현'.match(/12\b/g);

첫 번째 코드 패턴에 /표현\b/g를 지정했으며 매치 대상이 '표현 표현 표현'이므로 일반적인 개념이라면 세 개가 매치되어야 하지만 null이 반환되었다. 이는 패턴과 매치 대상에 작성한 '표현'이 63개 이외 문자이기 때문이다.

두 번째 코드에서 [12, 12, 12]가 반환되었다. 매치 대상 첫 번째의 '12표현'에서 '표현'이 63개 이외 문자이므로 매치가 된다. 다음의 '표현12표현'도 마찬가지로 12 다음의 '표현'이 63개 이외 문자이므로 매치가 된다. 마지막의 '12표현'에서 '표현'도 63개 이외 문자이므로 매치가 된다.

● 중간에 한글 사용

실행 결과	정규 표현식
null	'A급 '.match(/A급\b/);
[A와B]	'A와B '.match(/A와B\b/);

첫 번째 코드 패턴에 /A급\b/를 지정했으며 매치 대상이 'A급'인데 null이 반환되었

다. 한편 두 번째 코드 패턴에 /A와B\b/를 지정했으며 매치 대상이 'A와B'인데 [A와 B]가 반환되었다. 첫 번째는 매치되지 않았고 두 번째는 매치되었다. 한글을 사용했을 때 매치된 결과를 눈여겨볼 필요가 있다.

● 앞 63개 이외 문자에 매치

실행 결과	정규 표현식
[12]	'A12 12 C12'.match(/\b12/g);
[12, 12]	'12 12 C12'.match(/\b12/g);

패턴에 \b가 앞에 있고 매치할 문자가 뒤에 있으므로 매치할 문자 앞에 63개 이외 문자가 있으면 매치가 된다. 첫 번째 코드의 매치 대상에서 12 앞에 63개 이외 문자가 있는 것은 12뿐이다. A12와 C12는 12 앞에 63개 문자가 있으므로 매치되지 않는다. 그래서 [12]가 반환되었다.

두 번째 코드에서 [12, 12]가 반환된 것은 C12를 제외한 것이다. 가운데의 12는 앞에 공백이 있으므로 매치되는 것은 당연하다. 첫 번째 12 앞에 문자가 없는데도 매치가 된 것은 12가 매치 대상의 처음에 있기 때문이다. 처음에 작성했을 때 매치가 되는 원인에 대해서는 앞에서 영문 스펙을 제시하면서 분석할 때 다루었다.

● 앞/뒤 63개 이외 문자 모두 매치

실행 결과	정규 표현식
[12, 12, 12]	'A12 12 C12'.match(/12\b/g);
[12]	'A12 12 C12'.match(/\b12\b/g);

첫 번째 코드의 매치 대상이 'A12 12 C12'이므로 패턴 /12\b/로 매치하면 세 개가 매치된다. 여기서 A12와 C12는 12를 포함한 문자열이다. 그럼 순수하게 12만 가진 문자열을 매치하려면 어떻게 하면 될까?

두 번째 코드에서 [12]가 반환된 것은 A12, C12가 12의 앞과 뒤에 63개 이외 문자를 모두 갖고 있지 않기 때문이다. ' 12 '만이 앞과 뒤에 63개 이외 문자를 갖고 있다. 패턴에서 볼 수 있듯이 /\b12\b/g와 같이 매치하려는 문자열 앞과 뒤에 \b를 지정하면 된다.

4.5 클로저 사용 내부 함수

개념을 정리하는 차원으로 정규 표현식 내부에서 사용하는 함수에 대해 살펴 본다. 정규 표현식은 내부적으로 Matcher 함수, Continuation 함수, AssertionTester 함수로 패턴을 매치하고 그 결과를 체크하여 최적화를 도모하고 최종적으로 매치 결과를 반환한다. 이 세 함수는 내부 처리를 위한 클로저 기능을 포함하고 있다.

▶ 클로저

클로저(Closure)는 언어마다 조금씩 차이가 있다고 알려져 있으며 자바스크립트에서 통합적인 제어를 위해 제공하는 것이지 정규 표현식만을 위한 것은 아니다. 다만 이를 정규 표현식에 적용하고 사용한다.

클로저를 완전하게 다루려면 가비지 컬렉션(garbage collection), 액티베이션(activation) 오브젝트, 변수(variable) 오브젝트, 스코프(scope)에 대한 개념 설명이 선행돼야 하며 이는 자바스크립트의 아키텍처와 메커니즘이 포함된 개념이므로 사실 조금 어렵다. 참고로 이를 밑바탕부터 상세하게 다룬 자바스크립트 책을 집필하고 있으며 올 여름 경에 이 책의 출판사인 '도서 출판 ITC'에서 출판할 예정이다.

어렵다 하더라도 세 개 함수의 공통된 사항이니 요점만 다룬다. 물론 이를 이해하지 못해도 정규 표현식 구현에는 문제가 없지만 이해하면 패턴을 구현하는 데 도움이 된다. 클로저는 실행 시점이 아닌 컴파일 시점에 생성되고 이때 클로저의 데이터 블록(block)이 결정되며 데이터가 있으면 설정한다. 여기서 데이터 블록이란 다수의 변수 및 데이터를 통칭한다. 클로저에 설정된 데이터는 실행 시점에 변경할 수 있으나 삭제할 수는 없다.

클로저를 설정하는 가장 큰 목적은 데이터를 유지하기 위함이다. 함수 안에 지역 변수로 선언하면 함수를 호출했을 때 변수에 설정했던 값이 지워지므로 다시 사용할 수 없다. 그런데 매치된 값을 다음 패턴에 연결해서 매치해야 하는 경우 값이 지워지면 매치를 할 수 없으므로 이전에 매치된 값이 저장되어 있어야 하는데, 클로저는 값을 지우지 않고 유지시켜 주므로 이 목적에 적합하다.

위 세 함수와 클로저 관계에서 중요한 것은 데이터 블록의 사전 설정이다. 즉 세 함수를 호출하면 이미 각 함수에서 사용하는 데이터 블록이 설정되어 있으므로 데이터 블록에 매치 결과를 설정하거나 반대로 데이터를 추출할 수 있다. 세 함수의 기능에 클로저를 연계해서 함께 살펴 본다.

▶ AssertionTester 함수

AssertionTester 함수는 State라는 파라미터를 받아 현재 위치에서 패턴을 매치하고 매치되면 true를, 매치가 안 되면 false를 반환한다. 여기서 두 가지가 정리돼야 이 문장이 성립되는데 하나는 파라미터로 받는 State이고 또 하나는 현재 위치의 기준이다.

우선 현재 위치는 포인터(Pointer)가 가리키는 위치다. 정규 표현식은 매치 대상 문자열을 매치하게 되면 다음 인덱스 위치로 포인터를 이동시킨다. 즉 포인터가 가리키는 인덱스부터 매치를 행하게 된다. 이는 현재 실행 중인 패턴을 매치하기 위해 이동하기도 하고 하나의 매치가 완료되었을 때 다음 패턴을 매치하기 위해 이동하기도 한다.

포인터가 한 번 지나갔다고 해서 다시 돌아오지 못하는 것은 아니다. 매치 대상의 마지막 인덱스까지 갔다가 다시 처음으로 올 수도 있으며 중간에 위치할 수도 있다. 이는 패턴에 따라 결정되며 '8.3 백트래킹'에서 다루고 있는 백트래킹(backtracking)으로 인해 자동으로 이동할 수도 있다.

다음으로 State는 세 개 함수에서 공통으로 사용하는 파라미터다. 즉 State를 파라미터로 설정하고 이 값을 기준으로 패턴을 매치하고 매치 결과를 반환하게 된다. State가 클로저에 설정되는 데이터 블록으로 매치와 관련된 상태가 State에 설정된다.

▶ State

State는 정규 표현식 매치 알고리즘(algorithm)을 실행할 때 부분적인 매치 상태를 나타내며 이는 lastIndex와 captures라는 두 개의 변수로 표현한다. lastIndex는 그 시점에서 패턴에 매치된 매치 대상 인덱스에 1을 더한 값이 설정되며 captures는 괄호( )로 매치된 결과를 배열로 설정한다.

captures의 N번째 엘리먼트는 N번째 괄호( )의 매치 결과가 문자열로 설정되며 실행하지 않은 괄호( ) 번째의 배열 엘리먼트에는 undefined를 설정한다. State가 세 개 함수의 파라미터에 설정되므로 그 함수에서 State에 설정된 값을 사용할 수 있으며 State가 클로저에 포함되어 있어 lastIndex와 captures 값이 유지되므로 매치된 결과를 결합하여 다시 매치하게 되는 패턴의 특성을 볼 때 매우 중요한 역할을 한다.

▶ Continuation 함수

Continuation 함수는 State를 파라미터로 받아 매치 결과를 반환한다. 이 함수는 파라미터의 State에 설정된 상태를 기준으로 남아있는 패턴을 매치한다. 매치가 되면 매치된 상태를 설정한 State를 반환하고 매치가 안 되면 실패를 반환한다. 즉 Continuation 함수를 실행하면 남아있는 패턴의 매치 결과를 알 수 있다.

남아있는 패턴을 매치한다는 것은 시사하는 바가 크다. 이는 패턴이 다수일 때 패턴 전체가 실패하는 것을 방지하기 위해 정규 표현식이 최적화를 도모한다는 근거가 되는 알고리즘이다. 대체(|)에서 다음 패턴에 매치된 인덱스가 현재 매치된 인덱스보다 작으면 이를 매치로 처리할 수 있는 판단 근거를 제시한다. 욕심 많은 매치와 욕심 없는 매치를 제어할 수 있는 알고리즘이 되기도 한다. 이외에도 많은 부분에서 이를 활용하며 이 함수 또한 클로저 기능을 포함하고 있으므로 설정된 값이 유지되어 다음에 호출했을 때 설정했던 값을 사용할 수 있다.

▶ Matcher 함수

Matcher 함수는 패턴 매치에 있어 가장 중심이 되는 함수다. State와 Continuation을 파라미터로 받아 매치 결과를 반환한다. 파라미터에 설정된 이름만 보더라도 현재 패턴의 상태와 나머지 패턴의 결과를 통합하여 다양한 결정을 수행한다는 것을 알 수 있다.

Matcher 함수는 State에 설정된 기준으로 서브 패턴에 매치를 행하고 Continuation 함수를 실행하여 남은 패턴의 매치 결과를 반환 받는다. 매치가 되면 반환된 값을 다시 반환하고 종료하며 매치가 안 되면 다른 방법으로 매치를 행한 후 다시 Continuation 함수를 호출하는 처리를 반복한다. 그래도 매치가 안 되면 최종적으로 매치가 안 되는 것으로 처리한다.

Matcher 함수가 중심이 되는 함수라고 해서 패턴에서 이 함수만을 호출하는 것은 아니며 직접 Continuation 함수를 호출하기도 한다. 이와 같이 자바스크립트 정규 표현식은 세 개의 함수와 State를 아울러서 정규 표현식으로 구현할 수 있는 다양한 형태와 조건을 매치하고 분석한다.

이는 ECMA-262 문서에 작성된 지침 사항이므로 여기의 함수 이름을 그대로 사용하는 것은 아니다. 다만 개념적으로 이런 기능을 갖는 함수가 필요하다는 것을 제시한 것이다. 이 이외의 다른 사항은 실제로 정규 표현식 엔진을 개발하는 개발자에게 달려 있다.

다소 추상적인 내용이라서 정규 표현식을 처음 접하는 독자에게는 명확하게 구상이 되지 않을 수 있으나 어느 정도 경험 있는 독자라면 전체적인 프로세스(process) 흐름이 그려질 것으로 생각된다. 한편 몰라도 되는 사항이므로 걱정하지 않아도 된다.

Chapter **05**

수량자

수량자(Quantifier)는 매치되는 수와 관련된 패턴 문자를 분류하기 위한 구분이다. 문자열로 매치하면 반드시 같은 문자열 값이 매치 대상에 있어야 매치가 된다. 하지만 수량자 패턴 문자 중에는 값이 일치하지 않아도 매치로 처리하는 패턴 문자도 있으며 매치된 값이 연속되었을 때 이를 모두 매치 처리하는 패턴 문자도 있다.

ECMA-262 문서에 수량자로 분류되어 있는 패턴 문자는 *, +, ?, {숫자} {숫자,}, {숫자, 숫자}이며 *?, +?, ??와 같이 각 패턴 문자 뒤에 물음표(?)가 첨부된 패턴 문자가 있다.

정규 표현식 수량자에 속한 패턴 문자는 크게 세 가지 형태로 분류할 수 있다. 첫째, 욕심 많은 매치, 둘째, 숫자로 매치 범위 지정, 셋째, 욕심 없는 매치로 첫 번째 패턴 문자와 두 번째 패턴 문자 뒤에 물음표(?)를 첨부한 형태다.

5장에서는 다음 목록의 패턴을 다룬다.

패턴	개요
+	하나 이상 매치
*	없거나 하나 이상 매치
?	없거나 하나만 매치
{숫자}	수에 매치
{숫자,}	수 이상에 매치
{숫자,숫자}	숫자 매치 구간 지정
+?	한 번만 매치
*?	최소 매치
{숫자,숫자}?	숫자 범위 무시

5.1 욕심 많은 매치

욕심 많게 매치하는 형태는 세 가지로 구분할 수 있다. 하나 이상에 매치(+), 없거나 하나 이상에 매치(*), 없거나 하나만 매치(?)하는 형태다. 욕심 많은 패턴 문자는 매치된 값을 전부 하나의 배열 엘리먼트로 반환한다.

하나 이상에 매치하는 패턴 문자 더하기(+)는 반드시 하나 이상이 매치돼야 하며 다수가 매치되면 모두 매치해서 반환한다. 한편 하나라도 매치되지 않으면 null을 반환한다. 없거나 하나 이상에 매치하는 패턴 문자 별표(*)는 없어도 매치로 처리하고 다수가 매치되면 모두 매치해서 반환한다.

없거나 하나만 매치하는 패턴 문자 물음표(?)는 없어도 매치로 처리하며 다수를 매치할 수 있더라도 하나만 매치하고 이를 반환한다. 별표(*)와 물음표(?)는 없어도 매치가 되므로 적어도 빈 배열을 반환한다.

5.1.1 하나 이상 매치 +

더하기(+) 패턴 문자는 하나 이상 문자에 매치한다. 매치할 문자를 /a+/와 같이 더하기(+) 앞에 작성한다. 더하기(+) 앞에 작성한 문자가 반드시 매치돼야 하고 매치된 문자와 같은 문자가 연속되면 이를 모두 매치해 반환한다. 더하기 패턴 문자 기능은 중괄호 패턴 문자인 {1,}과 같다.

● [소스: plus.js]

```javascript
var result;
var value = 'aaaaac';
result = value.match(/a/);
show(result);


result = value.match(/a+/);
show(result);


result = 'aab aac'.match(/a/g);
show(result);


result = 'aab aac'.match(/a+/g);
show(result);


result = 'aab aac'.match(/K+/);
show(result);


result = 'abcdefg'.match(/.+/);
show(result);


result = 'abcABC'.match(/.+A/);
show(result);


result = 'abcABC'.match(/.+AB/);
show(result);
```

● **하나 이상에 매치**

실행 결과	정규 표현식
[a]	var value = 'aaaaac'; value.match(/a/);
[aaaaa]	result = value.match(/a+/);

첫 번째 코드 패턴에 /a/를 지정했으며 이는 문자 a를 하나만 매치한다. 따라서 [a]가 반환되었다. 단순 문자열 매치인데 여기에 작성한 것은 본문의 더하기(+) 패턴 문자 기능과 비교하기 위함이다.

플래그 g를 지정하면 a 전체가 매치되므로 더하기(+) 패턴 문자의 하나 이상에 매치 기능과 유사하지만 반환하는 형태가 다르다. 플래그 g는 매치된 값이 배열 엘리먼트에 설정되므로 매치된 수만큼 배열 엘리먼트가 생긴다. 하지만 더하기(+)는 배열 엘리먼트가 하나만 생긴다.

두 번째 코드 패턴에 /a+/와 같이 더하기(+) 패턴 문자를 지정했으며 [aaaaa]가 반환되었다. 패턴에 지정한 a가 매치 대상에 있으며 처음 매치된 a에 연속해서 a가 있으므로 이를 모두 매치하여 반환한 것이다.

'하나 이상에 매치'는 반드시 하나가 매치되고 연속해서 매치될 수 있는 문자가 있으면 이를 전부 매치한다는 것을 의미한다. 반드시 하나는 매치돼야 하는 것이 전제 조건이다. 더하기(+) 패턴 문자는 매치된 문자를 전부 하나의 배열 엘리먼트로 반환한다.

● **매치 단위로 global 수행**

실행 결과	정규 표현식
[a, a, a, a]	'aab aac'.match(/a/g);
[aa, aa]	'aab aac'.match(/a+/g);

각 코드 패턴에 플래그 g를 지정했다. 첫 번째 코드는 패턴에 지정한 문자가 매치되면 이를 배열 엘리먼트에 설정하므로 네 개의 엘리먼트를 가진 배열이 반환되었다. 두 번째 코드는 연속된 문자 전체를 하나의 배열 엘리먼트로 설정하므로 두 개의 배열 엘리먼트가 반환되었다.

● 매치되지 않으면 null 반환

실행 결과	정규 표현식
null	'aab aac'.match(/K+/);

패턴에 /K+/와 같이 K를 지정했지만 매치 대상에 K가 없으므로 null이 반환되었다. 이와 같이 더하기(+)는 매치되는 문자가 없으면 null을 반환한다. 당연한 것이라고 생각할 수 있지만 계속해서 다룰 다른 패턴 문자와 확연하게 구분하기 위해 언급한 것이다.

● 최대로 매치

실행 결과	정규 표현식
[abcdefg]	'abcdefg'.match(/.+/)

더하기(+) 패턴 문자는 최대로 매치하려는 특성을 갖고 있다. 앞 코드에서 /a/가 문자 하나에 매치한 반면 /a+/가 연속된 모든 a를 매치한 것은 최대로 매치하려는 특성 때문이다.

위 정규 표현식의 패턴 /.+/는 최대로 매치하려는 특성을 살려 모든 문자열을 매치하는 전형적인 형태다. /.+/에서 점(.)은 점 위치에 아무 문자라도 있으면 매치한다. 여기에 최대로 매치하려는 더하기(+) 패턴 문자의 특성으로 인해 계속해서 매치를 행하게 된다. 따라서 매치 대상의 모든 문자열이 매치된다.

최대로 매치하려는 특성을 욕심 많은(greedy) 매치라고 한다. 한편 이에 반대되는 특성으로 욕심 없는(non-greedy) 매치가 있으며 이는 최대한 적게 매치하려는 형태를 의미한다. greedy와 non-greedy는 ECMA-262 문서에서 사용하는 정식 용어다. 용어 자체가 전체 기능을 나타내지 못할 수 있으므로 개념적으로 접근할 필요가 있다.

5장의 더하기(+), 별표(*), 물음표(?), {숫자}, {숫자,}, {숫자,숫자} 형태가 욕심 많은 매치에 속하는 패턴 문자이고 욕심 많은 패턴 문자에 물음표(?)를 첨부한 형태의 패턴 문자가 욕심 없는 매치에 속한다.

● **욕심에는 한계가 있다**

실행 결과	정규 표현식
[abcA]	'abcABC'.match(/.+A/)

위 패턴과 바로 앞 패턴의 차이점은 점(.)과 더하기(+) 뒤에 A를 첨부한 점이다. 한편 여기서 A는 문자열이지만 패턴에 작성되어 있으므로 영문 대문자 A를 매치하는 패턴이다. 즉 A가 매치돼야 전체가 매치된다.

만약 A를 작성하지 않았다면 모든 문자가 매치되어 [abcABC]가 반환된다. 그런데 [abcA]가 반환된 것은 A에서 최대로 매치하려는 특성이 막혀버렸기 때문이다. 너도 먹고 살아야지 나만 욕심 부릴 수 없다는 아주 단순한 논리가 적용되었다고 할 수 있지만 이에는 피치 못 할 사정이 있다. 점(.)과 더하기(+)로 무장하여 무대포식으로 매치해가면서 독식을 하지만 그래도 다른 패턴이 매치가 되지 않으면 먹었던 것마저 탈이 나므로 눈물을 머금고 양보한 것이다.

점(.)과 더하기(+)가 더 이상 독식을 못했던 것은 그 나름대로 규칙이 있기 때문이다. 이 규칙이 없었다면 아마 다 먹었을 것이다. 점(.)과 더하기(+)의 매치력이 매우 강력하므로 밀고 나가기만 하면 쑥쑥 매치가 된다. 계속해서 이 규약에 대해 살펴 본다.

● **정규 표현식의 최적화**

실행 결과	정규 표현식
[abcAB]	'abcABC'.match(/.+AB/)

위 코드에서 [abcAB]가 반환된 것은 매치 대상과 패턴 전체를 분석한 후 매치를 행하기 때문이다. 정규 표현식은 우선 매치 대상과 패턴을 대상으로 최대로 매치하려는 패턴 문자와 AB 매치를 분석한다. 그리고 AB를 매치한 나머지를 더하기(+) 패턴으로 매치를 행한다. 이를 정규 표현식의 최적화라고 한다.

만약 사전 분석 없이 매치 대상 왼쪽에서 오른쪽으로 매치를 해나가면 점(.)과 더하기(+)가 매치 대상 전체를 매치하게 되므로 매치할 것이 남지 않게 된다. 한편 AB는 매치할 것이 없으므로 결국 매치가 실패하게 된다. 정규 표현식은 일부로 인해 전체가 매치되지 않는 어리석음을 방지하기 위해 최종적으로 매치될 수 있는 최적화를 분석하여 매치를 행한다.

5.1.2 없거나 하나 이상 매치 *

패턴 문자 별표(*)는 별표(*) 직전 문자가 매치되지 않아도 그 앞의 문자열을 하나 이상 매치한다. 일반적으로 패턴 문자가 매치되지 않으면 다음 패턴 문자를 매치하지만 패턴 문자 별표(*)는 직전 문자가 매치되지 않아도 그 앞의 문자열을 매치한다.

예를 들어 /12c*/와 같이 패턴을 지정하고 매치 대상이 '12A 12B 12c 12C'이면 모두 매치되어 [12, 12, 12, 12]를 반환한다. 이는 12가 매치되면 다음 c의 매치 여부와 관계없이 모두 매치된 것으로 처리하기 때문이다. 매치할 문자를 /12c*/와 같이 *앞에 작성한다.

● [소스: asterisk.js]

```javascript
var result;
result = 'aaaaaC'.match(/a*/);
show(result);


result = 'aaaaaC'.match(/K*/);
show(result);
show(result.index);
```

```
result = '12ab_12efg'.match(/12c*/g);
show(result);

result = '123ab_12efg'.match(/123c*/g);
show(result);

result = 'abc_123'.match(/123c*/g);
show(result);

result = '12A 12c'.match(/12c*/g);
show(result);

result = 'CaaBaaa'.match(/a+/);
show(result);

result = 'CaaBaaa'.match(/a*/);
show(result);
show(result.index);

result = 'abcde'.match(/.*/);
show(result);

result = 'abcdABC'.match(/.*AB/);
show(result);

result = ''.match(/.*/);
show(result);

result = 'BaaCaaa'.match(/a*/g);
show(result);
show(result.length);
```

● **값이 없거나 하나 이상에 매치**

실행 결과	정규 표현식
[aaaaa]	'aaaaaC'.match(/a*/);
[' ']	result = 'aaaaaC'.match(/K*/);
0	result.index

첫 번째 코드 패턴에 /a*/와 같이 패턴 문자 별표(*)를 지정했으며 [aaaaa]가 반환되었다. 패턴에 지정한 a가 매치 대상에 있으며 a가 연속되므로 이를 모두 매치한다. 이는 하나 이상의 문자에 매치한 것으로 패턴 문자 더하기(+)와 같다.

두 번째 코드 패턴에 /K*/와 같이 지정했으며 K는 매치 대상 'aaaaaC'에 없다. 그런데도 배열이 반환된 것은 매치가 되었다는 것을 의미한다. 다만 매치된 값이 없을 뿐이다. 이점은 패턴 문자 더하기(+)와 다르다.

세 번째 코드에서 0이 반환되었다. index 프로퍼티는 매치된 인덱스를 나타내므로 첫 번째 문자에 매치된 것을 의미한다. 이는 별표(*) 직전의 문자가 매치 대상에 없어도 매치로 처리하기 때문이다.

● **직전 문자에 매치**

실행 결과	정규 표현식
[12, 12]	'12ab_12efg'.match(/12c*/g);
[123]	'123ab_12efg'.match(/123c*/g);
[123]	'abc_123'.match(/123c*/g);

첫 번째 코드 패턴에 /12c*/를 지정했으며 [12, 12]가 반환되었다. 매치 대상에서 12가 포함된 문자열은 12ab_와 12efg다. 그런데 [12, 12]가 반환된 것은 12만 매치되면 c는 매치가 되든 안 되든 매치로 처리하기 때문이다. 즉 12a도 매치되고 12e도 매치가 된다.

두 번째 코드 패턴에 /123c*/g를 지정했으며 [123]이 반환되었다. 매치 대상에 12로 시작하는 것은 두 개이며 123으로 시작하는 것은 하나다. [123]이 반환된 것은 별표 (*) 바로 앞에 작성한 문자의 매치 여부에 관계없이 그 앞에 지정한 문자열이 매치되면 매치로 처리하기 때문이다. 즉 c를 제외한 123은 같아야 하며 그 다음에 c가 매치되지 않아도 매치로 처리한다.

세 번째 코드 패턴에 /123c*/g를 지정했으며 [123]이 반환되었다. 매치 대상에 123으로 시작하는 것은 하나이며 123 뒤에 아무 문자도 없다. 그런데도 매치가 된 것은 123 다음 문자의 매치 여부에 관계없이 매치로 처리하기 때문이다.

이와 같이 패턴 문자 별표(*)는 별표(*) 직전에 지정한 문자의 매치 여부와 관계없이 그 앞에 지정한 문자열이 매치되면 매치로 처리한다. 별표(*) 앞의 한 문자만 필수 매치에서 제외된다.

● **일치된 값 반환**

실행 결과	정규 표현식
[12, 12c]	'12A 12c'.match(/12c*/g)

패턴에 /12c*/g를 지정했으므로 매치 대상에서 12로 시작하는 문자열은 모두 매치로 처리한다. 그런데 [12, 12c]가 반환된 것은 12c와 같이 별표(*) 직전의 문자가 일치하면 일치된 문자 전체를 반환하고 12A와 같이 12만 일치하면 일치된 문자만 반환하기 때문이다.

● **값이 없어도 매치**

실행 결과	정규 표현식
[aa]	'CaaBaaa'.match(/a+/)
[' ']	'CaaBaaa'.match(/a*/);

첫 번째 코드 패턴에 /a+/를 지정했으며 [aa]가 반환되었다. 매치 대상 첫 번째에 C가

있으므로 매치가 되지 않지만 최대로 매치하려는 더하기(+) 패턴 문자의 특성으로 인해 다음 문자를 매치하므로 [aa]가 반환된 것이다. 한편 대문자 B 다음에 aaa가 있는데도 욕심을 못 부린 것은 B를 만나는 순간 생명력을 잃어버리기 때문이다.

두 번째 코드 패턴에 /a*/를 지정했으며 빈 배열이 반환되었다. 이는 매치 대상 첫 문자가 C이므로 매치가 되지 않지만 매치가 안 되어도 매치로 처리하는 특성으로 인해 매치로 처리하고 종료했기 때문이다. 이때 매치된 값은 빈 값이다. 비록 두 번째에 aa가 있어도 이미 종료했기 때문에 더 이상 매치할 수 없다.

● **최대 매치**

실행 결과	정규 표현식
[abcde]	'abcde'.match(/.*/)
[abcdAB]	'abcdABC'.match(/.*AB/)
[' ']	' '.match(/.*/)

첫 번째 코드 패턴에 /.*/를 지정했으며 매치 대상의 모든 문자열이 반환되었다. 이는 아무 문자에 매치하는 점(.)의 특성과 하나 이상에 매치하려는 별표(*)의 특성이 발휘되었기 때문이다. 앞과 뒤에 다른 패턴이 없으므로 닥치는 대로 부담 없이 매치를 행할 수 있었기 때문이다.

두 번째 코드 패턴에 /.*AB/를 지정했으며 매치 대상에서 C를 제외한 모든 문자열이 반환되었다. 이는 정규 표현식의 최적화 논리가 만들어낸 결과다. 정규 표현식은 우선 매치 대상과 패턴을 분석하여 AB를 매치하고 AB 앞에 매치되지 않고 남아있는 매치 대상을 점(.)과 별표(*) 패턴에 넘겨준다. 이때 점(.)과 별표(*)가 특성을 발휘하여 모든 문자를 매치하므로 abcd가 매치되며 여기에 매치된 AB를 결합하여 abcdAB를 반환하게 된다.

세 번째 코드 패턴에 /.*/를 지정했으며 매치 대상에는 값이 없다. 점은 아무 문자에 매치하지만 문자가 없으면 매치에 실패한다. 그런데 다음에 별표(*)가 직전의 문자가 매치되지 않아도 매치로 처리하는 특성으로 인해 빈 배열을 반환한 것이다.

● **확인용 예제**

실행 결과	정규 표현식
[' ', aa, ' ', aaa, ' ']	result = 'BaaCaaa'.match(/a*/g);
5	result.length;

패턴에 /a*/g를 지정했으며 ['', aa, '', aaa, '']가 반환되었다. 독자가 패턴과 실행 결과 관계를 논리적으로 설명할 수 있다면 패턴 문자 별표(*)를 완전하게 이해한 것이다. 이에 대한 해석은 독자의 몫으로 남긴다. 하다가 막히면 필자에게 메일을 보내도 된다.

5.1.3 없거나 하나만 매치 ?

패턴 문자 물음표(?)는 물음표 앞의 문자가 없어도 매치되고 있어도 매치된다. 단 모든 문자를 매치하지 않고 하나만 매치한다. /a?/와 같이 매치할 문자를 ?앞에 작성한다. 예를 들어 패턴이 /12c?/일 때 매치 대상이 '12A 12B 12c 12C'이면 모두 매치되어 [12, 12, 12, 12]를 반환한다.

● **[소스 quest.js]**

```
var result;
result = 'abcAAA'.match(/abcs?/);
show(result);


result = 'abcsss'.match(/abcs?/);
show(result);


result = 'abcsssA'.match(/abcs?A/);
show(result);


result = 'abcsssA'.match(/abcs*A/);
```

```
show(result);


result = 'abcdABC'.match(/.?AB/);
show(result);


result = ''.match(/.?/);
show(result);
```

● 값이 없어도 매치

실행 결과	정규 표현식
[abc]	'abcAAA'.match(/abcs?/);

패턴에 /abcs?/를 지정했으며 [abc]가 반환되었다. 패턴에서 s?를 제외하면 abc가 남
게 되고 매치 대상에 abc가 있으므로 매치가 된다. 한편 물음표(?) 앞에 작성한 s가
문자열에 없는데도 매치가 되었다. 이와 같이 물음표(?) 패턴 문자는 물음표(?) 앞에
작성한 문자가 매치 대상에 없어도 매치가 된다.

매치가 되면 남는 것은 반환 값의 결정이다. 물음표(?) 앞에 작성한 문자가 abc에 연
속해 있으면 이 값을 함께 반환하고, 연속돼 있지 않으면 그 앞에 매치된 abc만 반환
한다. 그래서 [abc]가 반환되었다.

● 하나만 매치

실행 결과	정규 표현식
[abcs]	'abcsss'.match(/abcs?/)

패턴에 /abcs?/를 지정했으며 매치 대상에 abcs가 있으므로 매치가 되어 [abcs]를 반
환했다. 그런데 매치 대상에 abcsss와 같이 s가 연속되어 있는데 s 모두를 반환하지
않고 하나만 반환했다. '하나만 매치'가 바로 이 내용이다. 즉 물음표(?) 앞에 작성한
문자가 다수 매치되더라도 하나만 매치한다.

● **다른 패턴 결과와 함께 매치**

실행 결과	정규 표현식
null	'abcsssA'.match(/abcs?A/);
[abcsssA]	'abcsssA'.match(/abcs*A/);

첫 번째 코드와 바로 앞 코드의 차이는 /abcs?A/와 같이 패턴의 마지막에 A를 지정한 점이다. 여기서 A는 단순 영문자이면서 한편으로는 패턴이다. 실행 결과에 null이 반환되었으며 이는 매치가 안 된 것을 의미한다. 매치가 안 된 이유는 다음과 같다.

물음표 앞의 abcs가 매치 대상에 있으므로 abcs가 매치된다. sss가 있지만 연속된 문자를 하나만 매치하므로 abcsss가 매치되지 않고 abcs가 매치된다. 이 점이 물음표(?) 패턴 문자의 특성이다. 매치된 abcs에 A를 첨부하면 abcsA가 되며 매치 대상에 abcsA가 없으므로 null이 반환된 것이다. 이 패턴은 설명을 위해 매치가 안 되도록 의도적으로 작성한 것이다.

두 번째 코드 패턴에 /abcs*A/와 같이 별표(*) 다음에 A를 작성했다. 패턴 문자 별표(*)는 하나 이상에 매치하므로 abcs로 매치하면 abcsss가 매치된다. 매치된 값에 A를 첨부한 값이 매치 대상에 있으므로 [abcsssA]가 반환되었다.

첫 번째 코드와 두 번째 코드 패턴을 통해 물음표(?)와 별표(*)의 용도와 목적을 명확하게 구분할 수 있을 것으로 생각한다. 두 번째 코드에서 매치가 되었다고 별표(*)가 항상 유용한 것은 아니다. 상황에 따라서는 물음표(?)를 사용해야 할 때가 있다. 중요한 것은 정확한 용도와 목적을 파악하여 이를 적용하는 것이다.

● **뒤에서부터 매치**

실행 결과	정규 표현식
[dAB]	'abcdABC'.match(/.?AB/);

이 패턴은 정규 표현식의 메커니즘을 설명할 수 있는 좋은 사례이며 앞서 살펴 보았던

더하기(+)와 별표(*) 패턴 문자에도 적용되는 메커니즘이다. 우선 결론부터 먼저 말하면 욕심 많게 매치하려는 패턴 문자는 매치 대상의 앞에서부터 매치하지 않고 뒤에서부터 앞으로 거슬러 올라가면서 매치한다. 그래야 되도록 많이 매치할 수 있기 때문이며 이 메커니즘 때문에 욕심 많은 패턴이라고 불리게 된 것이다.

한편 매치 대상의 앞은 처음이라는 기준점이 있지만 뒤는 기준점이 없다. 이것이 명확해져야 정확하게 패턴을 지정할 수 있다. 여기서는 이에 대해 알아본다.

정규 표현식은 매치 대상과 패턴을 분석하여 우선 패턴 전체가 매치될 수 있는 최적화를 도모한다. 그리고 점(.)과 물음표(?) 패턴을 최적화하면서 문자열 AB를 매치할 수 있도록 분석한다. 패턴 전체가 매치로 처리되려면 반드시 문자열 AB가 매치돼야 하므로 이를 매치하면 매치 대상에 abcd가 남게 된다. 여기에 점(.)과 물음표(?) 패턴을 적용시킨 결과가 [dAB]다. 즉 abcd에서 a를 매치한 것이 아니라 d를 매치한 것이다.

이와 같이 욕심 많은 패턴 문자는 AB 앞이 기준점이 되며 여기서부터 앞쪽으로 거슬러 올라가면서 매치를 행한다. 이것이 하나라도 더 많이 매치하려는 메커니즘이다. 그런데 d만 매치된 것은 물음표(?) 패턴 문자가 하나만 매치하므로 c는 매치하지 않고 종료했기 때문이다.

지금까지 정규 표현식 수량자 형태 중에서 욕심 많게 매치하는 패턴 형태를 살펴 보았다. 욕심이 많다는 것은 매치가 되지 않아도 매치로 처리하는 것과 하나만 매치하지 않고 연속으로 매치해서 독식하려는 특성을 의미한다. 제동을 걸지 않으면 거침없이 매치해버린다. 이 보다는 조금 점잖아 보이지만 만만치 않은 또 하나의 패턴 형태가 숫자로 매치할 범위를 지정하는 형태다. 계속해서 이에 대해 살펴 본다.

5.2 숫자로 매치 범위 지정

숫자로 매치 범위를 지정하는 패턴 문자는 중괄호{ }다. 이는 다시 {숫자}, {숫자,}, {숫자,숫자}와 같이 세 가지 형태로 구분된다. {숫자}는 지정한 숫자만큼 매치되어야 매치로 처리한다. {숫자,}는 지정한 숫자 이상 매치되어야 매치로 처리한다. {숫자,숫자}는 지정한 숫자와 숫자 사이에 매치되어야 매치로 처리한다.

5.2.1 수에 매치 {숫자}

{숫자}는 중괄호 앞에 지정한 문자열이 중괄호 안의 숫자만큼 매치되면 매치로 처리한다. A{3}에서 A는 매치할 문자로 중괄호 앞에 작성하고 3은 매치할 수로 중괄호{ } 안에 작성한다.

● [소스: digit.js]

```
var result;
result = 'aaa'.match(/a{2}/);
show(result);


result = 'aaa'.match(/a{4}/);
show(result);


result = 'aaaKK'.match(/a{2}K/);
show(result);
```

● 지정한 수만큼 매치

실행 결과	정규 표현식
[aa]	'aaa'.match(/a{2}/);
null	'aaa'.match(/a{4}/);

첫 번째 코드 패턴에 /a{2}/를 지정했다. 이는 중괄호{ } 앞에 지정한 문자 a가 중괄호 안의 숫자 2만큼 매치되면 매치로 처리한다. 매치 대상이 'aaa'이며 a가 두 번 매치되므로 [aa]가 반환되었다.

두 번째 코드 패턴에 /a{4}/를 지정했으므로 매치 대상에 a가 네 개 있어야 한다. 그런데 매치 대상에 a가 세 개만 있으므로 매치되지 않아 null이 반환되었다.

● **지정한 수만큼 반환**

실행 결과	정규 표현식
[aaK]	'aaaKK'.match(/a{2}K/);

패턴에 /a{2}K/로 지정했으며 매치 대상에 a가 세 개 있으므로 매치된다. 중괄호 다음에 K가 있으므로 aaK가 되며 매치 대상에 aaK가 있으므로 매치된다. 한편 매치 대상의 처음부터 매치하면 aaaK가 되므로 매치되지 않아야 한다. 그런데도 매치가 된 것은 매치 대상 뒤에서부터 매치하기 때문이다. 즉 K 앞에서부터 다시 앞으로 거슬러 올라가면서 매치하기 때문이다.

'3.8 match 메소드와 exec 메소드 간 인터페이스'에서 match 메소드가 exec 메소드를 호출하면서 매치 대상을 넘겨주면 이를 매치하여 반환한다고 했다. 이때 매치 대상을 앞에서부터 비교하지 않고 뒤에서부터 거슬러 올라가면서 비교한다. 즉 length번째와 (length - 1)번째를 비교한다. 그래서 aak가 매치될 수 있다.

5.2.2 수 이상에 매치 {숫자,}

중괄호를 사용한 범위 지정의 두 번째 형태는 {숫자,}다. 중괄호 안에 숫자를 지정하고 다음에 콤마(Comma)를 찍는다. {숫자,}는 지정한 숫자 이상이면 매치하고 매치된 모든 문자를 반환한다. 콤마 뒤에 공백을 두면 매치되지 않으므로 공백을 두지 말고 붙여서 중괄호를 닫아야 한다. {숫자}가 지정한 수만큼만 매치한 반면 {숫자,}는 지정한 수 이상을 전부 매치한다.

● **[소스: digitComma.js]**

```
var result;
result = 'aaa'.match(/a{1,}/);
show(result);


result = 'aaa'.match(/a{4,}/);
show(result);
```

```
result = 'aaaBB'.match(/a{2,}B/);
show(result);
```

● **지정한 수 이상 매치**

실행 결과	정규 표현식
[aaa]	'aaa'.match(/a{1,}/);
null	'aaa'.match(/a{4,}/);

첫 번째 코드 패턴에 /a{1,}/를 지정했으며 이는 매치 대상에 a가 한 개 이상이면 매치된다. 매치 결과에 [aaa]가 반환된 것은 매치된 모든 문자를 반환하기 때문이다. 이는 패턴 문자 /a+/와 같다.

두 번째 코드 패턴에 /a{4,}/를 지정했으므로 매치 대상에 a가 네 개 있어야 하나 세 개밖에 없으므로 매치되지 않아 null이 반환되었다. 이와 같이 패턴 문자 {숫자,}는 지정한 수 이상에 매치한다.

● **매치된 것 모두 반환**

실행 결과	정규 표현식
[aaaB]	'aaaBB'.match(/a{2,}B/);

패턴에 /a{2,}B/를 지정했다. 이는 매치 대상에 a가 두 개 이상에 매치하고 매치된 값에 B를 첨부하여 다시 매치한다. 이때 매치가 되면 매치된 결과를 반환하고 매치가 안되면 null을 반환한다. 패턴이 a{2,}이므로 aaa가 매치되고 여기에 B를 첨부하면 aaaB가 되며 매치 대상에 이 값이 있으므로 [aaaB]가 반환되었다. 이와 같이 {숫자,}는 매치된 모든 값을 반환한다.

5.2.3 매치 구간 지정 {숫자,숫자}

중괄호를 사용한 범위 지정의 세 번째 형태는 {숫자,숫자}다. {숫자,숫자}는 지정한 숫자 구간 내에서 매치한다. 중괄호 안에 숫자를 지정하고 다음에 콤마를 찍고 연이어 숫자를 지정한다. 첫 번째 숫자는 최소값이고 두 번째 숫자는 최대값이다. {1,3}이라면 최소 한 번에서 최대 세 번까지 일치하면 매치로 처리한다.

● [소스: digitDigit.js]

```javascript
var result;
result = 'aaaaa'.match(/a{2,4}/);
show(result);


result = 'aaa'.match(/a{2,4}/);
show(result);


result = 'ccc'.match(/a{0,2}/);
show(result);
```

● **지정 범위에서 매치**

실행 결과	정규 표현식
[aaaa]	'aaaaa'.match(/a{2,4}/);
[aaa]	'aaa'.match(/a{2,4}/);

첫 번째 코드 패턴에 /a{2,4}/를 지정했으며 이는 a가 두 번에서 네 번 이하로 매치되면 매치로 처리한다. 다섯 번이 매치되어도 매치로 처리하지만 네 개만 반환한다. 한편 최소값보다 작으면 매치되지 않는다. 매치 대상에 a가 다섯 개 있으므로 매치되며 최대값이 4이므로 [aaaa]가 반환되었다.

두 번째 코드 패턴에 /a{2,4}/를 지정했으므로 a가 최소 두 번에서 최대 네 번까지 매치되면 매치로 처리한다. [aaa]가 반환되었는데 이는 지정한 범위에 속한 매치된 값을 전부 반환한 것이다. 반드시 최대값인 4만큼 매치되지 않아도 된다. 최소값과 최대값 사이에서 최대값에 가까운 수만큼 매치하고 반환한다.

● 없어도 매치됨

실행 결과	정규 표현식
[' ']	'ccc'.match(/a{0,2}/);

패턴에 /a{0,2}/를 지정했으며 ['']가 반환되었다. 패턴 {0,2}는 최소 0번, 최대 두 번 매치를 의미한다. 여기서 문제는 최소값 0이다. 매치 대상에 a가 없는데도 null이 아닌 빈 배열이 반환되었다. 즉 매치가 된 것이다. 지정한 값이 없어도 매치되며 두 개까지 매치된 값을 반환한다.

5장에서 지금까지 살펴 보았던 패턴 문자는 적어도 자기 몫을 챙기거나 일부는 욕심 많게 더 챙기려는 특성을 갖고 있다. 그래서 이를 욕심 많은 패턴 문자 또는 탐욕스러운 패턴 문자라고 한다. 한편 수량자에 속하는 패턴 문자에는 선하게 살아가려는 패턴 문자도 있다. 아니 어쩌면 어리석은 패턴 문자일지도 모르겠다. 이에 대한 판단은 독자에게 맡긴다.

5.3 욕심 없는 매치

욕심 없는(non-greedy) 매치란 최대한 적게 매치하려는 형태다. 지금까지 다루었던 더하기(+), 별표(*), 물음표(?), {숫자}, {숫자,}, {숫자,숫자}는 최대한 많게 매치하려는 특성을 갖고 있으며 이 일환으로 앞에서부터가 아닌 뒤에서부터 거슬러 올라가면서 매치한다.

욕심 없는 매치는 욕심 많은 패턴 문자에 물음표(?)를 첨부한 형태다. 즉 더하기(+)는 +? 형태가 되고 별표(*)는 *? 형태가 되며 물음표(?)는 ?? 형태가 된다. 욕심 없는 패턴 문자는 최대로 적게 매치하기 위해 앞에서부터 매치한다.

5.3.1 한 번만 매치 +?

더하기(+) 패턴 문자는 반드시 하나 이상에 매치한다. 따라서 처음 매치된 문자가 연속되어 있으면 이를 모두 매치한다. 하지만 욕심 없는 더하기 패턴 문자(+?)는 연속된 모든 문자를 매치하지 않고 한 번만 매치한다.

● [소스: nonplus.js]

```
var result;
result = 'aaaaac'.match(/aa+/);
show(result);


result = 'aaaaac'.match(/aa+?/);
show(result);
```

● 한 번만 매치

실행 결과	정규 표현식
[aaaaa]	'aaaaac'.match(/aa+/);
[aa]	'aaaaac'.match(/aa+?/);

첫 번째 코드 패턴에 /aa+/를 지정했으므로 매치 대상에 aa가 연속되어 있으면 모두 매치하여 반환한다. 그래서 [aaaaa]가 반환되었다.

두 번째 코드 패턴에 /aa+?/를 지정했으며 첫 번째 코드 패턴과의 차이는 물음표가 있다는 점이다. [aa]가 반환되었는데 이는 패턴에 지정한 aa다. 이와 같이 패턴 문자 더하기(+)에 물음표(?)를 첨부하면 연속된 값을 모두 매치하지 않고 한 번만 매치한다.

최소로 매치한다는 것은 매치가 되지 않을 수도 있다는 것과 가능한 최소로 매치될 수 있도록 처리한다는 것을 포함한다. 정규 표현식은 매치 대상 전체를 분석하여 최소로 매치할 수 있는 알고리즘을 갖고 있다.

5.3.2 최소 매치 *?

패턴 문자 별표(*) 물음표(?)는 되도록 최소로 매치한다. 이를 위해 매치 대상 앞에서부터 매치를 행하며 직전의 문자를 매치하지 않는다. 조금 난이도가 있는 패턴에서 사용하는 패턴 문자다.

● [소스: nonasterisk.js]

```javascript
var result;
result = 'abcabc'.match(/abc*/);
show(result);


result = 'abcabc'.match(/abc*?/);
show(result);


result = 'abcabc'.match(/abQ*?/);
show(result);


result = 'aaaaa'.match(/a*/);
show(result);


result = 'aaaaa'.match(/a*?/);
show(result);
show(result.index);


result = 'aaaKK'.match(/a*K/);
show(result);


result = 'aaaKK'.match(/a*?K/);
show(result);
```

● 직전 문자를 사용하지 않음

실행 결과	정규 표현식
[abc]	'abcabc'.match(/abc*/);
[ab]	'abcabc'.match(/abc*?/);
[ab]	'abcabc'.match(/abQ*?/);

첫 번째 코드 패턴에 /abc*/를 지정했으므로 별표(*) 앞에 지정한 문자 c가 없어도 매치된다. 즉 매치 대상에 ab 또는 abc가 있으면 매치된다. 여기서 [ab]를 반환하지 않고 [abc]를 반환한 것은 되도록 많이 매치하려는 것에서 기인한다.

두 번째 코드 패턴과 첫 번째 코드 패턴의 차이는 별표(*) 다음에 물음표(?)가 있는 것이며 [abc]가 반환되지 않고 [ab]가 반환되었다. 이는 패턴 문자 *?가 되도록 최소로 매치하려는 것에서 기인한다. 최소 매치를 위해 별표 앞에 작성한 문자도 사용하지 않았다.

세 번째 코드 패턴과 두 번째 코드 패턴의 차이는 별표(*) 앞에 c와 Q를 작성한 점이며 반환 값이 같다. 이는 최소 매치를 위해 별표(*) 앞에 작성한 문자를 사용하지 않고 그 앞에 문자열을 매치하기 때문이다. 즉 *? 앞에 아무 문자를 작성해도 매치에는 차이가 없다.

● **앞에서부터 매치**

실행 결과	정규 표현식
[aaaaa]	'aaaaa'.match(/a*/);
[' ']	result = 'aaaaa'.match(/a*?/);
0	result.index

첫 번째 코드 패턴에 /a*/를 지정했으므로 값이 없어도 매치되고 값이 있으면 하나 이상에 매치된다. 매치 대상에 a가 연속되므로 모두 매치하여 반환한다. 그래서 [aaaaa]가 반환되었다.

두 번째 코드 패턴과 첫 번째 코드 패턴의 차이는 물음표(?)이며 ['']가 반환되었다. 별표(*) 앞에 a가 매치 대상에 몇 개씩이나 있는데 매치가 안 된 이유는 무엇일까?

이는 최소로 매치하려는 특성에서 시작된다. 세 번째 코드에서 출력된 값은 매치된 인덱스로 0은 매치 대상 첫 번째와 매치된 것을 의미한다. 매치 대상 첫 번째가 'a'지만

''가 반환된 것은 별표 앞에 작성한 a가 매치되지 않아도 매치로 처리한다는 별표(*)의 매치 기준이 먼저 적용되었기 때문이다. 매치가 되었으므로 최소로 매치하려는 특성으로 인해 a를 매치하지 않는다.

● **최소 매치를 위해 사용**

실행 결과	정규 표현식
[aaaK]	'aaaKK'.match(/a*K/);
[aaaK]	'aaaKK'.match(/a*?K/);

첫 번째 코드 패턴에 /a*K/를 지정했으며 이는 연속 매치된 a 값에 K를 첨부하여 매치하므로 [aaaK]가 반환된다.

두 번째 코드와 첫 번째 코드의 차이는 패턴에 물음표(?)가 있는 점이다. 패턴 문자 *?가 최소 매치를 하므로 aaa에서 a 하나와 K를 매치하여 [aK]를 반환하거나 a를 사용하지 않고 K만 매치하여 [K]를 반환할 것으로 예상할 수 있다. 하지만 반환 값에서 볼 수 있듯이 [aaaK]가 반환되었다.

욕심 없는 패턴 문자 *?는 앞에서부터 매치한다. 이 점이 중요한 포인트다. 매치 대상 첫 번째 a가 매치되면 이를 클로저에 설정하고 aK로 매치한다. 매치가 안 되지만 다음에 a가 있어 매치되므로 이를 다시 클로저에 설정하게 되는데 이때 클로저에 설정되어 있는 a에 첨부하여 aa로 설정한다. 그리고 다시 aaK로 매치한다. 이렇게 처리하게 됨에 따라 최종적으로 aaaK가 매치된다. 이 알고리즘은 정규 표현식이 최적화 패턴을 적용한다는 논리에서 기인한다.

5.3.3 숫자 범위 무시 {숫자,숫자}?

욕심 없는 패턴 문자는 패턴 문자 중괄호{ }를 사용해 지정한 숫자 범위를 무시하고 최소로 매치한다. 예제를 보면 더욱 쉽게 이해할 수 있다.

```
● [소스: nondigit.js]
```

```javascript
var result;
result = 'aaaaa'.match(/a{1,}/);
show(result);


result = 'aaaaa'.match(/a{1,}?/);
show(result);


result = 'aaaaa'.match(/a{1,5}/);
show(result);


result = 'aaaaa'.match(/a{1,5}?/);
show(result);
```

● **최소 매치**

실행 결과	정규 표현식
[aaaaa]	'aaaaa'.match(/a{1,}/);
[a]	'aaaaa'.match(/a{1,}?/);

첫 번째 코드 패턴에 /a{1,}/을 지정했으므로 a가 하나 이상이면 전부 매치한다. 그래서 [aaaaa]가 반환되었다.

두 번째 코드와 첫 번째 코드 차이는 패턴에 물음표(?)를 지정한 점이다. 한편 [a]가 반환된 것은 최소 매치를 하기 때문이다. 이와 같이 중괄호{ } 패턴 문자에도 욕심 없는 개념을 적용한다.

● **최소값 적용**

실행 결과	정규 표현식
[aaaaa]	'aaaaa'.match(/a{1,5}/);
[a]	'aaaaa'.match(/a{1,5}?/);

첫 번째 코드 패턴에 /a{1,5}/를 지정했으므로 a를 하나 이상에서 다섯 개까지 매치한다. 그래서 [aaaaa]가 반환되었다.

두 번째 코드와 첫 번째 코드 차이는 패턴에 물음표(?)를 지정한 점이다. 한편 [a]가 반환된 것은 최소 매치를 하기 때문이다. 중괄호{ }에 구간을 지정하더라도 이를 무시하고 최소값을 적용해 매치한다.

Chapter 06

문자 클래스

영문 대문자를 매치하려면 패턴에 영문 대문자를 모두 작성하면 될 것이다. 하지만 이에 동의할 독자는 없을 것이며 무언가 간단한 패턴이 있을 거라고 생각할 것이다. 이때 패턴 문자 대괄호([ ])를 사용한다. [A-Z] 형태로 작성하면 A부터 Z까지 매치한다.

한편 영문 대문자가 아닌 문자열에 매치하려면 [^A-Z]를 지정하면 된다. 영문 대문자가 아닌 문자열에 매치하는 것이지 영문 소문자에 매치하는 것은 아니다. 영문 소문자 이외에도 한글도 있고 #, @ 등의 문자가 있다.

대괄호 안에 패턴 문자를 작성하면 이를 패턴 문자로 인식하지 않고 일반 문자로 인식한다. 중괄호에 숫자를 지정하여 범위를 지정할 수 있지만 대괄호를 사용해서 범위를 지정할 수도 있다. 물론 차이는 있다. 중괄호는 매치할 수이고, 대괄호는 매치할 범위다. 이 장에서는 이와 같은 패턴 문자를 살펴 본다.

6장의 제목은 문자 클래스(Character Class)로 여기서 class는 객체지향 언어에서 사용하는 클래스가 아니다. 자바스크립트는 클래스를 사용하지 않고 RegExp 오브젝트(Object)와 같이 오브젝트를 사용한다. ECMA-262 문서의 자바스크립트 예약어에

class가 있는 것은 이를 반증한다.

그런데 이 책에서 RegExp 클래스와 같이 클래스를 사용한 것은 {name: value} 형태도 오브젝트이므로 이를 구분하기 위해서다. {name: value} 형태의 ECMA-262 문서에서 사용하는 명칭은 오브젝트 리터럴(literal)이며 일반적으로 줄여서 오브젝트라고 부른다.

한편 ECMA-262 문서에서 클래스를 사용하는 곳이 정규 표현식이다. 즉 클래스는 정규 표현식에서 사용하는 표준 용어다. 여기서 클래스는 대표성을 가진 단어로 다시 문자 클래스, 이스케이프(Escape) 문자 클래스 등으로 나뉜다. 이 중에서 문자 클래스로 분류된 패턴 문자는 대괄호([ ]), 대괄호 캐럿([^]), 하이픈(-)이다.

6장에서는 다음 목록의 패턴을 다룬다.

패턴	개요
[ ]	문자 집합, 지정한 문자 단위로 매치
[패턴 문자]	패턴 문자를 일반 문자로 매치
[\b]	백스페이스
[-]	구간에 속한 값을 매치
[^]	지정한 문자가 아닌 문자에 매치

6.1 문자 집합 [ ]

대괄호([ ])는 패턴에 지정한 문자 단위로 매치 대상에 매치한다. 패턴에 다수의 문자를 지정할 수 있으며 이 중 하나라도 매치 대상에 있으면 매치로 처리한다. AND 조건이 아닌 OR 조건으로 매치한다.

● [소스: square.js]

```
var result;
result = 'abcde'.match(/[]/);
show(result);


result = 'abcde'.match(/[abk]/);
show(result);


result = 'abcde'.match(/[bac]/);
show(result);


result = 'abcde'.match(/[cak]/g);
show(result);


result = '정규표현식'.match(/[정표]/g);
show(result);
```

● 빈 배열 반환

실행 결과	정규 표현식
null	'abcde'.match(/[ ]/);

패턴에 /[ ]/와 같이 대괄호 안에 값을 지정하지 않으면 null을 반환한다. ECMA-262 문서에서 대괄호 안에 작성하는 값을 ClassRanges로 표기하고 있다.

● 문자 매치

실행 결과	정규 표현식
[a]	'abcde'.match(/[abk]/);

패턴에 /[abk]/를 지정했다. 이는 매치 대상에 a 또는 b 또는 k가 있으면 매치된다. 매치 대상에 a가 있으므로 매치된 값이 반환되었다. [a]가 반환된 것은 대괄호 안에 작성한 문자 하나하나를 매치하기 때문이며 매치가 되면 더 이상 매치하지 않고 종료하

기 때문이다.

● 매치 대상을 기준으로 반환

실행 결과	정규 표현식
[a]	'abcde'.match(/[bac]/);

패턴에 /[bac]/를 지정했으며 매치 대상은 'abcde'다. 패턴에 지정한 b, a, c가 모두 매치 대상에 있으므로 매치가 되는데 [a]가 반환되었다. 패턴 기준으로 보면 b가 처음에 있으므로 [b]가 반환되어야 하나 [a]가 반환된 것은 패턴에 작성한 순서로 값을 반환하지 않고 매치 대상에 작성한 순서로 값을 반환하기 때문이다. 너무 짧게 설명한 것 같지만 매우 중요한 결과다. 반환 값의 기준은 패턴이 아니라 매치 대상이다.

이의 논리적인 배경을 살펴 보면 정규 표현식은 패턴과 매치 대상을 전체로 사전 분석을 행한다. b가 매치되었다고 해서 종료하는 것이 아니라 a도 매치하고 c도 매치한다. 그리고 매치 대상에서 가장 앞에 매치된 값을 반환한다.

● global 플래그 지정

실행 결과	정규 표현식
[a, c]	'abcde'.match(/[cak]/g);
[정, 표]	'정규표현식'.match(/[정표]/g);

첫 번째 코드 패턴에 /[cak]/g를 지정했으며 [a, c]가 반환되었다. 패턴에 지정한 모든 문자를 매치하고 매치되는 문자를 반환하기 때문이다. 패턴에 작성한 순서가 아닌 매치 대상에 작성한 순서로 반환한다.

두 번째 코드 패턴에 /[정표]/g를 지정했으며 매치 대상에 정, 표가 있으므로 [정, 표]가 반환되었다. 당연한 것인데 이를 작성한 것은 한글도 매치된다는 것을 제시하기 위함이다.

6.2 패턴 문자를 문자화

대괄호([ ]) 안에 패턴 문자를 작성하면 일반 문자로 인식하여 매치한다. 예를 들어 [+]
형태로 작성하면 +를 패턴 문자가 아닌 일반 문자로 매치한다.

● [소스: escape.js]

```
var result;
result = '111'.match(/1+/);
show(result);


result = '111'.match(/[1+]/);
show(result);


result = '+++'.match(/[1+]/);
show(result);
```

● 일반 문자로 처리

실행 결과	정규 표현식
[111]	'111'.match(/1+/);
[1]	'111'.match(/[1+]/);
[+]	'+++'.match(/[1+]/);

첫 번째 코드 패턴에 /1+/를 작성했으므로 연속된 1을 모두 반환한다. 그래서 [111]이
반환되었다.

두 번째 코드 패턴에 /[1+]/를 작성했으며 반환 값은 [1]이다. 이는 더하기(+)를 패턴
문자가 아닌 일반 문자로 인식하기 때문이다.

세 번째 코드와 두 번째 코드 패턴은 같으나 매치 대상이 다르다. 세 번째 코드에서

[+]가 반환된 것은 대괄호에 작성한 1이 매치 대상에 없고 일반 문자로 인식한 +가 매치 대상에 있기 때문이다. 이와 같이 대괄호 안에 작성한 패턴 문자는 일반 문자로 매치한다.

6.3 백스페이스 [\b]

\b는 63개 이외 문자에 매치한다. 하지만 대괄호[ ] 안에 작성하면 백스페이스 (backspace) 값으로 인식한다.

● **[소스: backspace.js]**

```
var result;
result = '2** '.match(/2\b/);
show(result);


result = /[\b]/.test('\u0008');
show(result);
```

● **backspace**

실행 결과	정규 표현식
2	result = '2** '.match(/2\b/);
true	/[\b]/.test('\u0008');

첫 번째 코드 패턴에 /2\b/를 작성했으므로 2 다음에 63개 이외 문자가 오면 2가 매치된다. 매치 대상이 '2**'이므로 [2]가 반환되었다. 이때 \b는 63개 이외 문자에 매치한다.

두 번째 코드 패턴에 /[\b]/를 작성했으며 test 메소드 파라미터에 유니코드로 지정한 값은 백스페이스다. 반환 결과가 true인 것은 매치가 되었다는 것을 의미한다. 이와 같이 대괄호 안에 \b를 작성하면 백스페이스 값으로 인식한다.

6.4 구간 [-]

패턴 문자 하이픈(- Hyphen, Dash)은 구간에 속한 값을 매치한다. 매치 대상의 영문 대문자를 매치하기 위해서는 A부터 Z까지 모두 작성해야 한다. 이때 하이픈(-)을 사용해 '부터 까지'를 [A-Z] 형태로 지정하면 된다. 생각 같아서는 ~을 사용하고 싶지만 이는 필자의 희망 사항이다.

하이픈(-)은 대괄호 안에서 사용할 때는 패턴 문자가 되지만 대괄호 밖에 사용하면 일반 문자가 된다. 하이픈의 앞뒤에 숫자를 지정하면 최소값에서 최대값까지의 범위를 의미한다. [9-0]과 같이 값을 거꾸로 지정하면 에러가 나므로 [0-9]와 같이 작은 값을 먼저 쓰고 큰 값을 하이픈 뒤에 쓴다.

ECMA-262 문서에서는 하이픈이 아닌 Dash를 사용하고 있지만 일반적으로 하이픈을 많이 사용하므로 이 책에서도 하이픈으로 표기한다.

● [소스: hyphen.js]

```javascript
var result;
result = '54321'.match(/[0-9]/);
show(result);


result = '12345'.match(/[9-0]/);


result = 'cdbd'.match(/[a-e]/g);
show(result);


result = '가나다라'.match(/[가-라]/g);
show(result);
```

```
result = '7321'.match(/[-3]/);
show(result);

result = '721'.match(/[-3]/);
show(result);

result = '-321'.match(/[-3]/);
show(result);

result = '7321'.match(/[3-]/);
show(result);

result = '721'.match(/[3-]/);
show(result);

result = '-321'.match(/[3-]/);
show(result);

result = 'AB*^]cd'.match(/[A-D]/ig);
show(result);

result = 'AB[\^]"_cd'.match(/[A-d]/ig);
show(result);

result = 'aA1'.match(/[A-Za-z0-9]/g);
show(result);
```

● 문자 매치

실행 결과	정규 표현식
[5]	'54321'.match(/[0-9]/);
Syntax Error	'12345'.match(/[9-0]/);

첫 번째 코드 패턴에 /[0-9]/를 지정했으며 이는 매치 대상에 0에서 9까지 숫자가 하나라도 있으면 매치된다. 이렇게 매치해서 반환된 값이 [5]다. 여기서 5는 매치 대상의 첫 번째 문자이며 패턴은 0부터 9까지다. 패턴에서 가장 작은 값이 0이지만 5가 반환된 것은 패턴에 지정한 순서가 아닌 매치 대상에 작성한 순서로 값을 반환하기 때문이다.

두 번째 코드 패턴과 같이 큰 값을 먼저 작성하면 Syntax Error가 나므로 작은 값을 먼저 작성하고 하이픈 다음에 큰 값을 작성해야 한다.

● **global 플래그 지정**

실행 결과	정규 표현식
[c, d, b, d]	'cdbd'.match(/[a–e]/g);
[가, 나, 다, 라]	'가나다라'.match(/[가-라]/g);

첫 번째 코드 패턴에 /[a-e]/g를 지정했다. 플래그 g를 사용했으므로 a에서 e까지 매치된 모든 문자를 반환한다. 그런데 결과 값을 보면 d가 두 번 반환되었다. 물론 매치 대상에 d가 두 개 있기 때문이지만 여기서 생각할 것은 패턴을 매치 대상의 문자 단위로 매치한다는 점이다. 이때도 매치 대상에 작성한 순서로 값을 반환한다.

두 번째 코드 패턴에 /[가-라]/g로 지정했으므로 매치 대상에 가, 나, 다, 라가 있으면 이를 모두 반환한다. 이 코드는 한글이 매치되는 것을 확인하기 위함이다.

● **[-문자] 형태**

실행 결과	정규 표현식
[3]	'7321'.match(/[–3]/);
null	'721'.match(/[–3]/);
–	'–321'.match(/[–3]/);

하이픈(-)을 대괄호 안에서 사용하고 앞과 뒤에 값을 지정했을 때 범위를 나타내며 대

괄호 밖에 작성하면 단지 문자다. 그런데 위와 같이 하이픈 앞에 값을 지정하지 않았을 때는 어떻게 될까? [-3]을 지정한 경우 0부터 3까지 범위를 갖는 것일까?

첫 번째 코드 패턴에 /[-3]/ 형태를 지정했으며 [3]이 반환되었다. 매치 대상이 '7321'이며 3이 매치되므로 3이 반환되었다. 이 패턴은 마치 0부터 3까지 범위를 지정한 것으로 착각할 수 있다. 여기서 3은 단지 매치 기준 값이며 범위가 아니다.

두 번째 코드 패턴에 /[-3]/ 형태를 지정했으나 null이 반환되었다. 매치 대상에 '721'을 작성했으므로 0부터 3까지 범위라면 2가 반환돼야 하는데 null이 반환되었다.

세 번째 코드도 마찬가지로 패턴을 지정했으나 하이픈(-)이 반환되었다. 이는 매치 대상 '-321'에서 첫 번째 문자인 하이픈(-)을 반환한 것이다. 패턴에서 하이픈 다음에 3이 있지만 하이픈을 반환한 것은 하이픈이 범위가 아니라는 것을 의미한다.

대괄호 안에 하이픈(-)을 작성하고 앞과 뒤에 범위를 지정하지 않으면 하이픈(-)을 단지 문자로 인식하고 연이어 작성한 3도 문자로 인식한다. 그래서 위와 같이 매치 대상에 하이픈이 있으면 하이픈을 반환하고 3이 있으면 3을 반환한다. 매치 대상에 하이픈과 3이 없으면 null을 반환한다.

● **[문자-] 형태**

실행 결과	정규 표현식
[3]	'7321'.match(/[3-]/);
null	'721'.match(/[3-]/);
-	'-321'.match(/[3-]/);

대괄호 안에 하이픈을 작성하고 연이어 값을 지정하지 않으면 이 또한 문자로 인식한다. 첫 번째 코드에서 3을 반환한 것은 매치 대상에 3이 있기 때문이다. 이때 3은 문자다. 만약 3보다 큰 값이라고 인식했다면 매치 대상 첫 문자인 7을 반환하게 된다.

두 번째 코드에서 null을 반환한 것도 매치 대상에 3과 하이픈이 없기 때문이다. 세 번째 코드에서 하이픈을 반환한 것은 매치 대상의 첫 문자가 하이픈이기 때문이다. 이와 같이 대괄호 안에 하이픈을 작성하고 앞과 뒤 한쪽이라도 값을 지정하지 않으면 문자로 매치한다.

● 대소문자 구분

실행 결과	정규 표현식
[A, B, c, d]	' AB*^cd'.match(/[A-D]/ig);
[A, B, [, ^,], _, c, d]	'AB[\^]"_cd'.match(/[A-d]/ig);

첫 번째 코드 패턴에 [A-D]/ig를 지정했으며 이는 대소문자를 구분하지 않고 매치 대상에 a/b/c/d가 있으면 매치된다. 그래서 [A, B, c, d]를 반환했다. 한편 *, ^은 A와 D 범위에 포함되지 않으므로 매치되지 않는다.

두 번째 코드 패턴과 첫 번째 코드 패턴의 차이는 [A-d]의 소문자 d다. 첫 번째 패턴은 대문자 D를 사용했고 두 번째 패턴은 소문자 d를 사용했다. 그런데 첫 번째 코드가 영문 대소문자를 반환한 반면 두 번째 코드는 매치 대상의 모든 문자를 반환했다. 이는 대소문자로 범위를 지정하면 ASCII 문자만이 아니라 기호도 매치하기 때문이다.

● 영문 대소문자, 숫자 매치

실행 결과	정규 표현식
[a, A, 1]	'aA1'.match(/[A-Za-z0-9]/);

첫 번째 코드 패턴은 영문 대소문자, 숫자를 매치하는 전형적인 패턴이다. 하이픈을 기준으로 구분하면 A-Z, a-z, 0-9가 되며 각 범위에 속한 문자/숫자가 매치 대상에 있으면 매치가 된다. [a, A, 1]이 반환된 것은 A-Z, a-z, 0-9 단위로 매치를 행하기 때문이다.

6.5 CSS 프로퍼티 형태 변경

CSS 파일에 border-bottom-color 속성을 자바스크립트 코드로 접근하려면 borderBottomColor 형태로 변경해야 한다. 앞서 다루었던 패턴 문자 하이픈(-)만으로 이를 전부 해결할 수는 없지만 이를 활용하면 borderBottomColor 형태로 변경할 수 있다.

● [소스: css.js]

```javascript
var result = 'border-bottom-color'.replace(/-[a-z]/ig, function(cvt){
        return cvt.charAt(1).toUpperCase();
})
show(result);
```

● CSS 프로퍼티 형태 변경

실행 결과	정규 표현식
[borderBottomColor]	[소스 css.js] 참조

[소스 css.js]의 코드는 하이픈을 삭제하고 하이픈 다음 문자를 대문자로 바꾸는 전형적인 코드다. 즉 border-bottom-color를 borderBottomColor로 변경한다. 패턴 /-[a-z]/ig에서 대괄호 밖의 하이픈은 패턴 문자가 아닌 일반 문자이므로 하이픈(-)에 이어 [a-z]를 매치하게 된다. -b, -c가 매치되며 소문자를 대문자로 바꾸고 바꾼 값만 반환하므로 하이픈이 삭제된다.

border-bottom-color는 CSS 파일에 작성하는 형태이며 자바스크립트 코드에서 CSS 프로퍼티에 접근하기 위해서는 borderBottomColor 형태를 사용해야 하므로 이때 위 코드가 필요하다.

6.6 제외 [^]

대괄호 캐럿([^])은 대괄호 안에 작성한 문자가 아닌 문자에 매치한다. /[^0-5]/를 지정하면 0부터 5 이외의 값에 매치한다. 패턴 문자 캐럿(^)을 대괄호 안에 작성하고 연이어 문자 또는 범위를 지정한다.

● [소스: squareCaret.js]

```javascript
var result;
result = 'abcd'.match(/[^a]/);
show(result);


result = 'abcde'.match(/[^acd]/);
show(result);


result = '1525'.match(/[^1-2]/);
show(result);


result = '정규표현식'.match(/[^정표]/g);
show(result);
```

● 문자 이외 매치

실행 결과	정규 표현식
[b]	'abcd'.match(/[^a]/);
[b]	'abcde'.match(/[^acd]/);

첫 번째 코드 패턴에 /[^a]/를 지정했으며 이는 매치 대상에서 a가 아닌 첫 번째 문자에 매치한다. 매치 대상이 abcd이므로 b가 매치된다.

두 번째 코드 패턴에 /[^acd]/를 지정했으며 이는 a/c/d 이외의 문자에 매치한다. 매치 대상이 'abcde'이므로 b가 매치된다.

● **범위 이외 매치**

실행 결과	정규 표현식
[5]	'1525'.match(/[^1-2]/);
[규,현,식]	'정규표현식'.match(/[^정표]/g);

첫 번째 코드 패턴에 /[^1-2]/를 지정했으므로 매치 대상에 1과 2가 아닌 첫 번째 문자에 매치한다. 매치 대상에서 1, 2가 아닌 첫 번째 문자는 5이므로 5가 반환되었다.

두 번째 코드 패턴에 /[^정표]/g를 지정했으므로 정과 표가 아닌 모든 문자에 매치한다. 따라서 [규,현,식]이 반환되었으며 한글도 매치가 되는 것을 확인할 수 있다.

6.7 텍스트 값 추출

엘리먼트(Element)의 텍스트(Text) 값을 추출하는 방법은 여러 가지가 있지만 그 중에 대표적인 것이 document.getElementById(id)를 사용해서 엘리먼트 오브젝트를 만들고 텍스트 값을 추출하는 방법이다. 하지만 이를 실행할 수 있는 환경이 되어야 사용할 수 있다.

만약 문자열로 스크립트(Script)를 작성했다면 이를 사용해서 텍스트 값을 추출할 수 있다. 문자열로 작성된 스크립트에서 텍스트를 추출하는 패턴을 살펴 본다.

● [소스: text.js]

```
var stripTags = function(base) {
    return base.replace(/<\/?[^>]+>/ig, '');
};


var result = stripTags('<div id="sports">축구</div>');
show(result);
```

● **텍스트 노드 문자열 추출**

실행 결과	정규 표현식
축구	[소스 text.js] 참조

[소스 text.js]의 코드는 엘리먼트에서 텍스트 값을 추출하는 전형적인 코드다. 즉 <div id="sports">축구</div>에서 <div id="sports">와 </div>를 제외하고 '축구'만 추출한다.

replace 메소드의 첫 번째 파라미터에 패턴을 지정하고 두 번째 파라미터에 매치되었을 때 치환할 값을 지정한다. replace 메소드 첫 번째 파라미터에 지정한 패턴 /<\/?[^>]+>/ig는 아래 [표 6-1: 패턴 분리]와 같이 분리할 수 있다.

[표 6-1: 패턴 분리]

패턴 문자	기능
<	< 문자에 매치
\/	슬래시 문자
?	/가 없거나 하나만 매치
[^>]	> 이외 문자에 매치
+	> 이외 문자를 연속해서 매치
>	> 문자에 매치
ig	플래그 ig

<\/?

<가 매치되면 다음에 /가 없어도 매치되고 있으면 하나만 매치한다. 이는 '<' 또는 '</'를 매치하기 위함이다.

[^>]+>

> 이외 문자([^>]) 매치를 계속(+)해서 행한다. 따라서 마지막의 > 앞에 작성한 모든 문자가 매치된다. 그리고 > 문자를 매치한다.

플래그 ig

플래그에 ig를 지정했으므로 대소문자를 구분하지 않고 매치하며 두 번 매치하게 된다. 결과적으로 <div id="sports">와 </div>가 매치되며 매치된 값을 "로 치환하므로 '축구'만 반환된다.

6.8 독식을 막아라

대괄호 패턴 문자를 정리하는 차원에서 대괄호를 사용했을 때 매치되는 과정을 살펴본다. 대괄호를 연속해서 사용했을 때 고려할 사항을 정규 표현식의 최적화 메커니즘을 통해 알아 본다.

● [소스: enough.js]

```
var result;
var reg = 'RegExp 1239 Count';
result = reg.match(/.*[0-5][6-9]/);
show(result);


result = reg.match(/.*[0-5][1-5]/);
show(result);
```

● 문자 이외 매치

실행 결과	정규 표현식
[RegExp 1239]	var reg = 'RegExp 1239 Count'; reg.match(/.*[0-5][6-9]/)
[RegExp 123]	reg.match(/.*[0-5][1-5]/)

두 코드는 같은 매치 대상 'RegExp 1239 Count'를 사용했으며 패턴의 대괄호에 지정한 범위가 조금 다를 뿐 나머지는 같다. 한편 첫 번째 코드와 두 번째 코드의 실행

결과를 비교해보면 첫 번째 코드가 9를 더 매치한 점이 다르다.

첫 번째 코드 패턴 /.*[0-5][6-9]/는 0부터 5까지 매치하고 6부터 9까지 매치한다. 두 번째 코드 패턴/.*[0-5][1-5]/는 0부터 5까지 매치하고 1부터 5까지 매치한다. 두 코드의 차이는 [6-9]와 [1-5]다.

reg.match(/.*[0-5][6-9]/)

패턴은 좌측에서 우측으로 실행하게 되므로 점(.)과 별표(*)가 매치 대상 전체를 독식하게 된다. 그러면 [0-5][6-9]가 매치되지 않아 결국 매치는 실패로 끝나게 된다. 이때 정규 표현식이 파산은 막아야 한다는 결론을 내리고 최적화 용병을 투입하게 되며 순서에 의해 [0-5]를 매치하게 된다.

이 시점에서 관건은 매치의 시작점이다. 즉 앞에서부터 뒤로 갈 것이냐 아니면 뒤에서부터 앞으로 갈 것이냐이다. 답은 뒤에서부터 앞으로 거슬러 올라가는 것이다.

매치 대상 Count의 t에 [0-5]를 매치하게 되며 매치가 되지 않으므로 다시 한 칸 앞으로 이동하여 매치를 행한다. 물론 n도 매치가 안 되므로 다시 거슬러 올라가기를 반복하면 1239에서 9를 만나게 되지만 [0-5]의 범위가 아니므로 매치되지 않는다. 고생고생해서 숫자까지 왔는데 매치가 안 되어 안타깝다.

그래도 파산은 막아야 하니 다시 한 칸 앞으로 간다. 1239에서 3을 만나게 되며 [0-5] 범위이므로 드디어 매치가 된다. 하지만 숨쉴 틈도 없이 다음의 [6-9]를 매치해야 한다. 이 값이 매치돼야 최종 파산을 모면할 수 있다. 다행히 1239에서 3 다음에 9가 있으며 이는 [6-9] 범위이므로 매치가 된다.

한편 안쓰러운 것은 [0-5][6-9]를 매치하기 위해 치열하게 전투를 벌이는 과정에서 ' Count'가 장렬하게 전사했다는 점이다. 그래서 [RegExp 1239]가 반환되었다.

reg.match(/.*[0-5][1-5]/)

이 패턴도 마찬가지로 점(.)과 별표(*)가 매치 대상을 독식한 상태에서 최적화 용병을 투입하게 되면서 매치가 발생하게 된다. 우선 이 패턴의 매치 결과는 [RegExp 123]으로 앞 패턴보다 9를 덜 매치했다.

매치 대상 1239까지 낮은 포복으로 오게 될 것이고 9를 만나게 되지만 [0-5] 범위에 속하지 않으므로 다시 앞의 3을 매치하게 되며 3은 [0-5]의 범위이므로 매치가 된다. 이제 남은 것은 1239에서 3의 다음에 있는 9가 [1-5]에 매치되는 것이다. 벌써 답이 나와 버렸다. 패턴에서 볼 수 있듯이 9가 매치되지 않는다.

다시 3 앞의 2를 [0-5]로 매치하게 되고 매치가 되므로 2 다음의 3을 [1-5]로 매치하게 된다. 이제서야 두 패턴 모두 매치가 되므로 최종으로 매치로 처리된다. 여기까지 오면서 잃어버렸던 문자열을 제외하면 [RegExp 123]이 반환된다.

이스케이프 문자 클래스

자바스크립트에서 이스케이프(Escape)는 역슬래시(\)를 의미하며 시퀀스 (Sequence)는 연속해서 문자가 있는 것을 의미한다. 예를 들어 \b, \d가 이스케이프 시퀀스다. 역슬래시 다음에 숫자를 사용하면 이스케이프 숫자 시퀀스라고 하며 문자 를 사용하면 이스케이프 문자 시퀀스라고 한다. 이외에도 시퀀스에 배열 등의 데이터 타입을 지정할 수 있다.

일반적으로 위에 거론된 용어를 그다지 사용하지 않지만 자바스크립트 표준 용어로 ECMA-262 문서 또는 자바스크립트 관련 문서에서 자주 볼 수 있다. 물론 정규 표현 식에서도 이 용어를 사용한다.

이스케이프 시퀀스는 두 가지 기능으로 구분할 수 있다. 첫째, \^과 같이 역슬래시 다 음에 패턴 문자를 지정하면 패턴 문자가 아닌 일반 문자로 인식된다. 둘째, \d, \D와 같이 역슬래시 다음에 영문자/숫자를 지정하면 패턴이 된다. 이를 일반적으로 특수 문 자라고 하지만 통칭하기에는 한계가 있다. 하지만 일반적으로 특수 문자로 사용하므 로 이 책에서도 특수 문자를 같이 사용한다.

이스케이프 문자 클래스는 이스케이프 시퀀스의 한 분류이며 ECMA-262 문서에 \d, \D, \s, \S, \w, \W가 정의되어 있다. 아울러 형태가 다르지만 [\b]도 포함된다. 이 장에서는 이스케이프 문자 클래스에 대해 살펴 본다.

7장에서는 아래 목록의 이스케이프 문자 클래스를 다룬다.

패턴	개요
\d	숫자만 매치
\D	숫자 이외 매치
\s	보이지 않는 문자 매치
\S	보이는 문자 매치
\w	63개 문자만 매치
\W	63개 이외 문자 매치
\uhhhh	유니코드 값으로 매치
\xhh	16진수 값으로 매치
\c	제어 문자

7.1 패턴 문자의 문자화

역슬래시(\)를 패턴 문자 앞에 작성하면 패턴 문자가 일반 문자로 인식된다. 즉 패턴 문자 고유 기능을 적용하지 않고 단순 문자로 매치한다. \^와 같이 역슬래시 다음에 연속으로 패턴 문자를 작성한다.

● [소스: escape.js]

```
var result;
result = '^ABC'.match(/^A/);
show(result);


result = 'B^AC'.match(/\^A/);
```

```javascript
show(result);

result = '\\ab'.match(/\\/);
show(result);

result = '\\^'.match(/\\\^/);
show(result);

result = new RegExp('\^A').exec('ABC');
show(result);

result = new RegExp('\\^B').exec('A^BC');
show(result);
```

● 일반 문자로 매치

실행 결과	정규 표현식
null	'^ABC'.match(/^A/);
[^A]	'B^AC'.match(/\^A/)

첫 번째 코드 패턴에 /^A/를 지정했으므로 매치 대상의 첫 문자가 A이면 매치된다. 그런데 매치 대상에 첫 문자가 캐럿(^)이고 두 번째가 A이므로 매치되지 않아 null이 반환되었다. 만약 패턴에 캐럿(^)을 지정하지 않으면 A가 매치된다.

두 번째 코드 패턴에 /\^A/를 지정했으므로 역슬래시 다음의 캐럿(^)은 패턴 문자가 아닌 단순 문자로 매치된다. 매치 대상 처음부터 매치하는 것이 아니라 '^A'로 매치한다. 매치 대상에 ^A가 있으므로 매치가 되어 이를 반환했다.

● 역슬래시 문자화

실행 결과	정규 표현식
\	'\\ab'.match(/\\/);
\^	'\\^'.match(/\\\^/);

첫 번째 코드 패턴에 /\\/를 지정한 것은 역슬래시를 문자로 매치하기 위함이다. 역슬래시를 문자로 매치하기 위해서는 패턴과 매치 대상 모두 역슬래시를 연속해서 두 개 작성해야 한다. 한편 IE, Safari 브라우저는 영문 자판의 역슬래시로 표시하며 Firefox, Opera, Chrome은 한글 자판의 역슬래시로 표시한다.

두 번째 코드 패턴에 /\\\^/를 지정한 것은 역슬래시와 캐럿(^)을 문자로 매치하기 위함이다. 즉 \^을 매치하기 위함이다. 역슬래시를 연속해서 세 개 작성하므로 이상하게 보일 수 있다.

● **RegExp 파라미터에는 짝수로 지정**

실행 결과	정규 표현식
[A]	new RegExp('\\^A').exec('ABC');
[^B]	new RegExp('\\\^B').exec('A^BC');

첫 번째 코드 RegExp 생성자 함수 파라미터에 캐럿(∧)을 문자화시켜 '^A'를 매치하려고 '\^A'를 지정했다. 따라서 매치 대상에 '^A'가 없으므로 매치가 안 되어야 하는데 [A]가 반환되었다. 이는 캐럿(^)을 문자화 시키지 못하고 캐럿(^) 기능이 적용된 것이다. 잘못 작성한 것이다.

두 번째 패턴과 첫 번째 패턴의 차이는 역슬래시(\)를 두 개 작성한 점이다. 한편 반환 값을 보면 [^B]가 반환되었으며 이는 매치 대상의 두 번째에 있다. 즉 캐럿(^)이 문자로 매치된 것이다. 이와 같이 RegExp 생성자 함수에서 역슬래시(\)를 문자로 처리하기 위해서는 짝수로 작성해야 한다.

7.2 숫자 매치

정규 표현식은 숫자만 매치할 수 있는 특수 문자와 숫자 이외에 매치할 수 있는 특수 문자를 제공한다. 숫자만 매치하려면 \d를 사용하고 숫자 이외에 매치하려면 \D를 사용한다.

7.2.1 숫자만 매치 \d

\d는 숫자만 매치한다. 역슬래시(\) 다음에 소문자 d를 작성하며 [0-9]와 같다.

```
var result;
result = 'A123'.match(/\d/);
show(result);


var num = /^\d+$/;
result = 'A123'.match(num);
show(result);


result = '123'.match(num);
show(result);
```

● **숫자에 매치**

실행 결과	정규 표현식
[1]	'A123'.match(/\d/);

패턴에 /\d/를 지정했으며 이는 0에서 9까지 범위에서 매치한다. 매치 대상 두 번째에 1이 있으므로 1이 반환되었다. 이와 같이 \d는 0에서 9까지 매치하며 첫 번째로 매치된 값을 반환한다.

● **숫자 값 체크**

실행 결과	정규 표현식
null	var num = /^\d+$/; 'A123'.match(num);
[123]	'123'.match(num);

첫 번째 코드 패턴에 /^\d+$/를 지정했다. 이는 첫 문자(^)가 숫자(\d)이고 숫자가 끝
($)까지 연속(+)되어야 매치가 된다. 그런데 매치 대상에 'A123'과 같이 A가 포함되
어 있으므로 매치가 되지 않아 null이 반환되었다.

두 번째 코드는 매치 대상에 '123'과 같이 숫자만 있으므로 매치가 되어 [123]이 반환
되었다. 이 패턴은 숫자 값을 체크하는 전형적인 형태다.

7.2.2 숫자 이외 매치 \D

\D는 숫자 이외 문자에 매치한다. 역슬래시(\) 다음에 대문자 D를 작성한다. [^0-9]
와 같다.

● [소스: chars.js]

```
var result;
result = '1A표현23'.match(/\D/);
show(result);


result = '1A표현23'.match(/\D/g);
show(result);


var alpha = /^\D+$/;
result = 'ABC3'.match(alpha);
show(result);


result = 'ABC'.match(alpha);
show(result);
```

● 숫자 이외 문자에 매치

실행 결과	정규 표현식
[A]	'1A표현23'.match(/\D/);
[A, 표, 현]	'1A표현23'.match(/\D/g);

첫 번째 코드 패턴에 /\D/를 지정했으므로 매치 대상 '1A표현23'에서 첫 번째로 숫자가 아닌 문자에 매치하게 되어 [A]가 반환되었다.

두 번째 코드 패턴의 첫 번째에 global 플래그를 지정하였다. [A, 표, 현]이 반환되었으며 한글도 매치가 된다는 것을 확인할 수 있다.

● **영문자 매치 사례**

실행 결과	정규 표현식
null	var alpha = /^\D+$/; 'ABC3'.match(alpha);
[ABC]	'ABC'.match(alpha);

첫 번째 코드 패턴에 /^\D+$/를 지정했다. 첫 문자(^)가 숫자 이외(\D)이고 숫자 이외 문자가 끝($)까지 연속(+)되면 매치가 된다. 한편 매치 대상에 'ABC3'과 같이 3이 포함되어 있으므로 매치되지 않아 null이 반환되었다.

두 번째 코드의 매치 대상은 'ABC'와 같이 영문자만 있으므로 매치되어 [ABC]가 반환되었다. 이 패턴은 영문자를 체크할 때 많이 쓰인다. 하지만 이 형태는 느낌표, 물음표와 같은 문자도 매치가 되고 한글도 매치가 되므로 영문자만 입력한다는 전제 조건이 따른다.

두 번째 코드 패턴은 영문자가 들어 온다는 전제 조건이 있다면 충분한 패턴이다. 한편 이 같은 경우에는 /[A-Za-z]/가 더 정확하다. 이와 같이 정규 표현식은 정밀도와 전제 조건에 따라 맞고 틀리고가 결정되는 면이 있다. 너무 정밀하게 정규 표현식을 작성할 수 없을 때도 있으며 너무 느슨하게 작성하면 정규 표현식을 사용하는 의미마저 퇴색될 수 있으므로 절충점을 찾아야 한다. 이 점이 정규 표현식을 사용함에 있어서 고려해야 할 사항이다.

7.3 문자 매치

문자에 매치하는 방법은 여러 가지가 있다. 그 중에서 보이지 않는 문자에 매치하는 특수 문자와 보이는 문자에 매치하는 특수 문자를 살펴 본다. 엘리먼트 텍스트 값의 공백 여부를 체크하는 사례도 살펴 본다.

7.3.1 보이지 않는 문자 매치 \s

\s는 보이지 않는 문자에 매치한다. 보이지 않는 문자란 공백 문자(Whitespace)와 줄 구분(Line Terminator) 문자를 포함한다. 역슬래시에 연이어 영문 소문자 s를 작성한다. 보이지 않는 문자 중에서 특정 문자에 매치하는 것이 아니라 전체 문자에 매치한다. 즉 하나라도 매치되면 null이 반환되지 않는다.

● [소스: none.js]

```js
var result;
result = 'az'.match(/\s/);
show(result);


result = '\u0009'.match(/\s/);
if (result){
    show('u0009');
}
```

● 보이지 않는 문자 매치

실행 결과	정규 표현식
null	'az'.match(/\s/);

u0009	result = '\u0009'.match(/\s/);
	if (result){
	    showResult('u0009');
	}

첫 번째 코드 패턴에 /\s/를 지정했으며 이는 보이지 않는 문자에 매치한다. 매치 대상에 작성한 'az'는 보이는 문자이므로 매치되지 않는다. 그래서 null이 반환되었다.

두 번째 코드 패턴과 첫 번째 코드 패턴은 같으나 매치 대상이 다르다. 매치 대상에 유니코드로 탭(Tab)을 작성했으므로 매치가 된다. 탭은 값이 보이지 않으므로 if (result) { }문을 사용해 매치된 것을 확인했다.

7.3.2 공백 체크 패턴

HTML 문서에 <div id="spaceText">   </div>와 같이 작성하면 값은 보이지 않으나 공백을 세 개 작성한 것이다. 이때 공백 작성 여부를 체크할 때 \s 를 사용한다.

● [소스: spaceCheck.js]

```
var el = document.getElementById('spaceText');
var text = el.innerText === undefined ? el.textContent : el.innerText;
showResult(text.length);


var result = /^\s*$/.test(text);
show(result);
```

위 코드는 엘리먼트의 텍스트에 공백 작성 여부를 체크하는 전형적인 코드다. 실제로는 이렇게 줄줄이 작성하지 않고 함수로 작성한 후 호출하지만 설명을 위해 나열했다.

첫 번째 줄에서 엘리먼트 오브젝트를 생성하고 두 번째 줄에서 실행한 브라우저에서 제공하는 프로퍼티를 사용해 텍스트 값을 추출하여 text 변수에 설정한다. 세 번째 줄을 실행하면 3이 출력되는데 이는 를 세 개 작성했기 때문이다.

하지만 length 프로퍼티 만으로 공백 여부를 체크할 수 없다. 가 작성된 것을 알고 있으므로 공백 체크가 되지만 다른 값이 작성될 수 있으므로 요구를 충족시키지 못한다. 네 번째 줄이 본문과 관련된 코드로 아래 [표 7-1: 공백 체크 패턴]과 같이 패턴을 분리할 수 있다.

[표 7-1: 공백 체크 패턴]

패턴 문자	기능
^	첫 문자에 매치
\s	보이지 않는 문자 매치
*	없거나 하나 이상 매치
$	끝 문자 매치

/^\s*$/.test(text);

첫 문자(^)가 보이지 않는 문자(\s)이면서 보이지 않는 문자가 끝($)까지 연속(*)되어 있으면 매치된다. 아울러 없어도(*) 매치로 처리한다. test 메소드를 사용했으므로 매치가 되면 true를 반환한다.

7.3.3 문자열 앞뒤 공백 삭제

문자열 앞과 뒤의 공백을 삭제할 때 \s를 사용한다. 이 패턴은 데이터를 처리할 때 종종 사용한다. 때로는 필수로 실행해야 한다.

● **[소스: trimSpace.js]**

```
var value = ' abcde ';
show(value.length);


value.replace(/^\s+|\s+$/g, '');
show(value);
```

첫 번째 줄에서 앞과 뒤에 공백이 있는 ' abcde '를 value 변수에 설정한다. 두 번째 줄을 실행하면 7이 출력되는데 이는 abcde 이외에 앞과 뒤에 공백도 length에 포함되기 때문이다. 세 번째 줄이 본문과 관계된 코드로 아래 [표 7-2: 앞뒤 공백 삭제 패턴]과 같이 패턴을 분리할 수 있다.

[표 7-2: 앞뒤 공백 삭제 패턴]

패턴 문자	기능
^	첫 문자에 매치
\s	보이지 않는 문자 매치
+	하나 이상 매치
|	대체
\s	보이지 않는 문자 매치
+	하나 이상 매치
$	끝 문자에 매치

/^\s+|\s+$/

위 패턴은 우선 가운데 패턴 문자 대체(|)를 기준으로 나눌 수 있다. 패턴 문자 대체는 OR 조건이 아니다. 왼쪽 패턴으로 매치한 인덱스 값보다 오른쪽 패턴으로 매치한 인덱스 값이 작으면 대체된다. 아울러 왼쪽 패턴으로 매치한 마지막 인덱스 값보다 오른쪽 패턴으로 매치한 첫 번째 인덱스 값이 크면 모두 매치로 처리한다.

^\s+

첫 문자(^)가 보이지 않는 문자(\s)이면서 보이지 않는 문자가 연속(+)되면 모두 매치한다. 이는 지금까지 캐럿(^), 더하기(+)에 대한 해석이었지만 엄격하게 보면 조금 부족하다. 보이지 않는 문자가 아닌 문자를 찾고 그 앞 문자부터 매치 대상의 처음까지 모두 보이지 않는 문자이면 매치한다. 내용은 같지만 매치를 시작하는 지점이 다르며 매치하는 방향이 다르다.

\s+$

마지막 문자($)가 보이지 않는 문자(\s)이면서 보이지 않는 문자가 앞 쪽으로 연속해서 있으면 모두 매치한다. 여기서 다시 한 번 짚고 넘어가야 할 것은 욕심 많은 패턴 문자인 더하기(+)는 뒤에서부터 앞으로 매치한다는 점이다. 이는 캐럿(^)보다 달러($) 에서 확연하게 느낄 수 있다. 뒤에서부터 앞으로 거슬러 올라가면서 보이지 않는 문자 를 전부 매치한다. 시작점이 마지막 문자이며 방향은 앞 쪽이다.

replace 메소드의 두 번째 파라미터에 치환 값을 지정하며 ' '를 지정했으므로 매치되 는 모든 문자를 ' '로 치환한다. replace 메소드는 별도의 치환된 값을 반환하지 않고 매치 대상을 바로 치환한다.

7.3.4 보이는 문자 매치 \S

\S는 보이는 문자에 매치한다. 즉 \s에 매치되는 이외의 문자에 매치한다. 역슬래시 에 연이어 영문 대문자 S를 작성한다.

● **[소스: show.js]**

```
var result;
result = '\u0009\u0061'.match(/\S/);
show(result);


result = '한글'.match(/\S/);
show(result);
```

● **보이는 문자에 매치**

실행 결과	정규 표현식
[a]	'\u0009\u0061'.match(/\S/);
[한]	'한글'.match(/\S/);

첫 번째 코드 패턴에 /\S/를 지정했으며 매치 대상에 유니코드로 탭과 소문자 a를 작 성했다. [a]가 반환된 것은 매치 대상에 탭이 앞에 있지만 이는 보이지 않는 문자이므 로 매치되지 않고 다음의 소문자 a가 보이는 문자이므로 매치되기 때문이다.

두 번째 코드 패턴에 /\S/를 지정했으며 매치 대상에 '한글'을 작성했다. [한]이 반환되었으며 '한'은 보이는 문자다. 한글도 매치된다는 것을 확인할 수 있다.

7.4 63개 문자 매치

문자를 매치하는 또 하나의 방법은 63개 문자를 기준으로 매치하는 방법이다. 이 절에서는 63개 문자와 매치하는 특수 문자, 63개 이외의 문자와 매치하는 특수 문자를 살펴 본다. 아울러 전자 메일 주소를 체크하는 패턴을 분석한다.

7.4.1 63개 문자만 매치 \w

\w는 63개 문자에만 매치한다. 63개 문자는 영문 대문자 A~Z, 영문 소문자 a~z, 숫자 0~9, 언더바(_)를 의미한다. 역슬래시에 연이어 영문 소문자 w를 작성한다.

● [소스: include.js]

```
var result = '%_aA1'.match(/\w/g);
show(result);
```

● 63개 문자에 매치

실행 결과	정규 표현식
[_, a, A, 1]	'%_aA1'.match(/\w/g);

패턴에 /\w/g를 지정했으므로 매치 대상에 63개 문자가 있으면 모두 매치한다. 매치 대상에서 %가 반환되지 않은 것은 63개 문자가 아니기 때문이다.

7.4.2 63개 이외 문자 매치 \W

\W는 63개 이외 문자에 매치한다. 역슬래시에 연이어 영문 대문자 W를 작성한다.

● [소스: exclude.js]

```javascript
var result = '%&_aA1'.match(/\W/g);
show(result);


result = '#12'.match(/[\w]/);
show(result);


result = '#12'.match(/[w]/);
show(result);


result = '34#'.match(/[\W\w]/);
show(result);
```

● **63개 이외 문자에 매치**

실행 결과	정규 표현식
[%, &]	'%&_aA1'.match(/\W/g);

패턴에 /\W/g를 지정했으므로 매치 대상에 63개 이외의 문자가 있으면 모두 매치한
다. [%, &]가 반환된 것은 63개 이외 문자이며 플래그 g를 지정했기 때문이다.

● **이스케이프 문자 클래스는 패턴 처리**

실행 결과	정규 표현식
[1]	'#12'.match(/[\w]/)
null	'#12'.match(/[w]/)
[3]	'34#'.match(/[\W\w]/)

'6.2 패턴 문자를 문자화'에서 다루었지만 대괄호[ ] 안에 이스케이프 문자 클래스를
지정하면 패턴으로 처리한다.

첫 번째 코드 패턴에 /[\w]/를 지정했으므로 매치 대상에 63개 문자가 있으면 매치된

다. 따라서 매치 대상 두 번째의 [1]이 반환되었다. '6.2 패턴 문자를 문자화'에서
'+++'.match(/[1+]/) 결과가 ['+']였던 것과는 차이가 있다. 이때 더하기(+)는 패턴 문
자가 아닌 일반 문자로 매치한 것이다.

두 번째 코드 패턴과 첫 번째 코드 패턴의 차이는 /[\w]/과 /[w]/에서 볼 수 있듯이 두
번째 패턴에 역슬래시가 없다는 점이다. 한편 null이 반환된 것은 영문 소문자 'w'로
매치했기 때문이다. 이와 같이 대괄호[ ] 안에 이스케이프 문자 클래스를 사용하면 이
를 일반 문자가 아닌 패턴 문자로 인식한다. 한편 \w를 일반 문자화 시켜 w로 매치
했다면 첫 번째 결과가 아닌 null이 반환되었을 것이다.

세 번째 코드 패턴에 /[\W\w]/를 지정했으며 [3]이 반환되었다. \W는 63개 이외의
문자에 매치하고 \w는 63개 문자에 매치한다. 한편 매치 대상이 '34#'이므로 \W로
도 매치되고 \w도 매치된다. 그런데 먼저 작성한 \W로 매치하지 않고 나중에 작성
한 \w로 매치하여 [3]을 반환한 것은 패턴이 기준이 아니라 매치 대상이 기준이기 때
문이다. 즉 매치 대상에 먼저 나오는 문자가 나중에 매치되더라도 먼저 반환된다.

7.4.3 E-Mail 주소 체크

전자 메일(E-Mail) 주소 체크는 일반적으로 알려진 정규 표현식이다. 패턴이 좀 길지
만 지금까지 살펴보았던 패턴 문자를 상기하면서 하나씩 정리해 보는 것에 의미를 두
려고 한다.

```
● [소스: email.js]

var email = /^[\w][\w-\.]+@[\w]+(\.[A-Za-z0-9]+)*(\.[A-Za-z]{2,3})$/i;


var result = email.test('abcd@efgh.co.kr');
show(result);
```

첫 번째 줄에서 전자 메일 주소에 매치할 패턴을 email 변수에 설정하고 두 번째 줄에
서 'abcd@efgh.co.kr'을 대상으로 매치한다. 실행 결과는 true이며 이는 매치된 것을

의미한다. email 변수에 설정된 패턴은 아래 [표 7-3 전자 메일 체크 패턴]과 같이 분리할 수 있다.

패턴 문자 괄호( )에 대해 아직 다루지 않았지만 이를 제외하고는 패턴 형성이 안 되므로 어쩔 수 없이 사용했다. 이를 처음 접하는 독자는 '8.1 매치 결과 캡처 ( )'를 먼저 볼 것을 권한다.

[표 7-3: 전자 메일 체크 패턴]

패턴 문자	기능
^	첫 문자에 매치
[\w]	63개 문자 하나 매치
[\w-\.]+	63개 문자, 하이픈(-), 점(.)에 하나 이상 매치
@	@ 문자에 매치
[\w]+	63개 문자 하나 이상 매치
( )*	없어도 매치하고 하나 이상에 매치
\.	문자 점(.), 패턴 문자 점(.)을 일반 문자화
[A-Za-z0-9]+	영문 대소문자, 숫자에 하나 이상 매치
( )	먼저 실행, 캡처
\.	문자 점(.), 패턴 문자 점(.)을 일반 문자화
[A-Za-z]{2,3}	영문 대소문자 2개 또는 3개 매치
$	끝 문자에 매치
플래그	i

^[\w]

첫 문자(^)은 63개 문자(\w)로 시작해야 한다. 첫 문자를 63개 문자에 매치하기 위해 대괄호를 사용했으며 \w만 지정했다. 매치 대상 'abcd@efgh.co.kr'에서 a가 매치된다.

[\w-\.]+

63개 문자(\w), 하이픈(-), 점(.)을 반드시 하나 이상(+) 작성해야 한다. 따라서 두 번째 문자부터 @ 문자 전까지 세 가지 형태 이외의 문자를 사용할 수 없다. 예를 들어 *, %를 사용하면 매치되지 않으며 이와 같은 문자를 사용하려면 대괄호 안에 문자를 지정하면 된다.

a@와 같이 문자 하나만 사용할 수 없고 12@와 같이 문자를 두 개 이상 작성해야 한다. 문자 하나 사용을 허용하려면 더하기(+)를 별표(*)로 변경하면 된다.

@[\w]+

@는 전자 메일 주소를 구분하는 문자로 문자 그대로 매치한다. @ 다음에 63개 문자를 반드시 하나 이상(+) 작성해야 한다. 이 매치는 다음에 점(.)이 나올 때까지 계속된다.

(\.[A-Za-z0-9]+)*

점(.) 다음에 A-Z, a-z, 0-9 중에서 반드시 하나 이상을 작성해야 한다. 이는 @efgh.co 형태에서 '.co' 위치의 문자열에 매치한다. 괄호 안에 매치된 값이 없어도 매치가 되고 있으면 모두 매치한다. ( )*를 사용한 것은 @efgh.com 형태로 작성했을 때 이 패턴이 매치되지 않으므로 매치로 처리하기 위함이다.

패턴 마지막에 달러($)가 없으므로 다음 패턴에서 @efgh.co.kr의 kr을 매치할 수 있다. 별표(*) 대신 물음표(?)를 사용하면 @efgh.co.kr.jklm 형태로 작성했을 때 이 패턴은 매치되지만 다음 패턴이 매치되지 않는다.

(\.[A-Za-z]{2,3})$

달러($)가 있으므로 마지막 문자에 매치해야 한다. 즉 @efgh.co.kr이면 '.kr'에 매치하고 @efgh.com이면 .'com'에 매치한다. 점(.) 다음에 A-Z, a-z를 사용할 수 있으며 두 자리 또는 세 자리로 작성한다. kr 또는 com에 매치하게 되므로 [0-9]는 사용하지 않는다.

지금까지 살펴 보았던 패턴이 모든 형태의 전자 메일 주소를 체크할 수 있다고 단언할 수 없으며 경우의 수가 발생할 수도 있다. 필요에 따라 변경해서 사용하면 된다.

7.5 문자 이스케이프

일반적으로 매치할 값을 영문 대소문자, 숫자로 패턴에 지정하지만 역슬래시에 연이어 문자 값을 지정할 수도 있다. 이를 문자(Character) 이스케이프라고 한다. ECMA-262 문서에서 유니코드, 16진수, 제어 문자, 제어 이스케이프를 문자 이스케이프로 분류하고 있다. 이는 분류를 위한 분류일 뿐 특별한 의미가 있는 것은 아니다. 어려운 내용이 없으므로 가볍게 읽어도 된다.

7.5.1 유니코드 매치 \u

유니코드 값을 패턴에 지정하여 매치할 수 있다. 자바스크립트에서 문자 처리를 유니코드로 하므로 모든 문자에 매치할 수 있다. 역슬래시(\)에 연이어 u를 작성하고 다시 이어서 네 자리로 유니코드 값을 지정한다. Unicode에 관한 정보는 http://www.unicode.org/에서 구할 수 있다.

● [소스: unicode.js]

```
var result;
result = 'az'.match(/\u0061/);
show(result);


result = 'az'.match(/\u007A/);
show(result);
```

● 유니코드로 매치

실행 결과	정규 표현식
[a]	'az'.match(/\u0061/);
[z]	'az'.match(/\u007A/);

첫 번째 코드 패턴에 /\u0061/을 지정했으며 [a]가 반환되었다. 이는 패턴에 지정한 값이 영문 소문자 a임을 의미한다. 두 번째 코드 패턴에 /\u007A/를 지정했으며 이는 영문 소문자 z다. 자바스크립트에서 이 형태를 이스케이프 유니코드 시퀀스라고 한다.

7.5.2 16진수 매치 \xhh

\x는 16진수 값에 해당하는 문자를 매치한다. 역슬래시에 연이어 소문자 x를 작성하고 다시 이어서 두 자리로 16진수 값을 지정한다. 자바스크립트에서 이 형태를 16진법 유니코드 시퀀스라고 한다.

● [소스: hexa.js]

```
var result = 'az'.match(/\x61/);
show(result);
```

● 16진수 값으로 매치

실행 결과	정규 표현식
[a]	'az'.match(/\x61/);

패턴에 /\x61/을 작성했으며 이는 16진수 값으로 소문자 a다. 매치 대상에 소문자 a가 있으므로 매치되어 [a]가 반환되었다.

한편 \oxx 형태의 xx 두 자리에 8진수를 지정하여 8진수 값에 해당하는 문자를 매치할 수 있다. 하지만 ECMA-262 문서에 이에 대한 정의가 없다. 이는 브라우저에 따라

지원하지 않을 수 있다는 의미가 된다. 설령 브라우저에서 지원한다고 해도 표준이 아니므로 되도록 사용하지 말아야 한다.

7.5.3 제어 문자 매치 \c

제어 문자는 아래 [표 7-4: 제어 문자 일람표]에서 볼 수 있듯이 일반적인 기능이 아닌 특별한 기능을 갖는다. 제어 문자는 31개이며 이를 매치하기 위해서는 \cA와 같이 역슬래시 다음에 영문자 c를 작성하고 이어서 31개 문자 중 하나를 지정한다.

[표 7-4: 제어 문자 일람표]의 영어 명칭에서 단어 중간의 대문자는 약어를 나타내기 위해 의도적으로 작성한 것이다. 유니코드 값은 SOH가 \u0001, <HT>가 \u0009로 \u0001부터 1씩 더한 값이 된다.

[표 7-4: 제어 문자 일람표]

문자	영어 명칭	Symbol	문자	영어 명칭	Symbol
	Null	〈NUL〉	A	Start Of Heading	〈SOH〉
B	Start of TeXt	〈STX〉	C	End of TeXt	〈ETX〉
D	End Of Transmission	〈EOT〉	E	ENQuiry	〈ENQ〉
F	ACKnowledge	〈ACK〉	G	BELl	〈BEL〉
H	Back Space	〈BS〉	I	Horizontal Tabulation	〈HT〉
J	Line Feed	〈LF〉	K	Vertical Tabulation	〈VT〉
L	Form Feed	〈FF〉	M	Carriage Retrun	〈CR〉
N	Shift Out	〈SO〉	O	Shift In	〈SI〉
P	Data Link Escape	〈DLE〉	Q	Device Control 1	〈DC1〉
R	Device Control 2	〈DC2〉	S	Device Control 3	〈DC3〉
T	Device Control 4	〈DC4〉	U	Negative AcKnowledge	〈NAK〉
V	SYNchronous idle	〈SYN〉	W	End of Transmission Block	〈ETB〉
X	CANcel	〈CAN〉	Y	End od Mediun	〈EM〉
Z	SUBstitute character	〈SUB〉	[	Escape	〈ESC〉
\	File Separator	〈FS〉	]	Group Separator	〈GS〉
^	Record Separator	〈RS〉	_	Unit Separotor	〈US〉

● [소스: control.js]

```
var result = JavaScript Library'.match(/\cK/);
show(result);


if (result){
    show('제어 문자 Tab');
}
```

● 제어 문자 매치

실행 결과	정규 표현식

제어 문자 Tab	`result = 'JavaScript ↓ Library'.match(/\cK/);`
	`if (result){`
	`    showResult('제어 문자 Tab');`
	`}`

매치 대상 문자열의 'JavaScript' 다음에 아래 화살표는 제어 문자로 <VT>다. 이 책의 편집기는 이와 같이 표시되지만 다른 편집기에서는 형태가 다르게 표시될 수 있다. /\ck/가 매치되더라도 매치된 값이 표시되지 않으므로 if (result) { }문으로 매치 여부를 확인했다. 매치되지 않으면 null이 반환되므로 '제어 문자 Tab'이 출력되지 않는다.

7.5.4 제어 이스케이프 문자

제어 이스케이프 문자는 \c 문자 중에서 일부 문자를 역슬래시와 영문자 형태로 패턴에 지정할 수 있도록 한 문자를 의미한다. 다음 [표 7-5: 제어 이스케이프 문자 일람표]에서 볼 수 있듯이 다섯 개가 있다.

[표 7-5: 제어 이스케이프 문자 일람표]

Unicode	명칭	영어 명칭	형태	이스케이프 문자
\u0009	탭(수평 탭)	Tab(Horizontal Tab)	〈HT〉	\t
\u000B	수직 탭	Vertical Tab	〈VT〉	\v
\u000C	폼 넘김	Form Feed	〈FF〉	\f
\u000A	줄 바꿈	Line Feed	〈LF〉	\n
\u000D	줄 바꿈(첫 위치)	Carriage Return	〈CR〉	\r

● [소스: alpha.js]

```
var result = '\u000A'.match(/\n/);
if (result){
    show('줄바꿈');
}
```

● 제어 이스케이프 문자로 매치

실행 결과	정규 표현식

[줄 바꿈]	`'\u000A'.match(/\n/);`
	`if (result){`
	`    showResult('[줄 바꿈]');`
	`}`

패턴에 /\n/을 지정했으며 이는 줄 바꿈이다. [줄 바꿈]이 반환 된 것은 매치 대상의 유니코드 값이 줄 바꿈과 같다는 것을 의미한다. 실제로 매치된 결과는 [\n]이다. \n 이 보이지 않으므로 if (result) { }문으로 매치 여부를 확인했다.

그룹화

그룹화는 패턴 문자 괄호( )를 사용하며 괄호 안에 작성한 패턴을 하나의 그룹으로 매치하고 그 결과를 저장한다. 매치된 결과를 부분 문자열이라고 하며 저장하는 것을 캡처(Capture)라고 한다. 그룹화에 속하는 패턴 문자는 매치 결과를 캡처하는 ( ), 캡처하지 않는 그룹(?:), 전방에 매치하는 (?=), 전방 부정에 매치하는 (?!)가 있다.

자바스크립트에서 다수의 괄호를 사용했을 때 가장 안에 있는 괄호부터 실행하듯이 패턴 문자 괄호도 다수를 지정할 수 있으며 왼쪽에서 오른쪽으로 실행하며 가장 안에 있는 괄호부터 매치를 실행한다.

정규 표현식 패턴은 왼쪽에서 오른쪽으로 해석하고 매치한다. 하지만 때로는 특정 부분을 먼저 매치하고 그 결과를 앞 또는 뒤의 패턴과 연계하여 매치할 수 있다. 이때 패턴 문자 괄호( )를 사용하면 먼저 매치를 행한다. 그렇다고 전체적인 순서가 변경되는 것은 아니며 괄호에서 매치된 결과값을 사용하여 왼쪽에서 오른쪽으로 매치를 행한다.

그룹화에 속한 패턴 문자의 기능은 다양하다. 캡처된 값을 패턴 안에서 참조하여 값을 재사용할 수 있으며 패턴 밖에서 참조할 수도 있다. 괄호( )를 사용하면 캡처되지만

(?:)를 사용하면 캡처되지 않는다.

8장에서는 다음 목록의 패턴을 다룬다.

패턴	개요
( )	매치 결과 캡처
\숫자	백래퍼런스
RegExp.$숫자	캡처 값 참조
(?:)	캡처하지 않는 그룹
(?=)	전방 매치
(?!)	전방 부정 매치

8.1 매치 결과 캡처 ( )

괄호( ) 안에 작성한 패턴은 그 안에서 매치 대상에 매치하고 그 결과를 캡처한다. 실행 결과가 값으로 남게 되며 이를 패턴 값으로 사용하여 괄호 밖의 패턴을 매치한다. 예를 들어 (a|b)+는 a 또는 b에 매치하고 그 결과(a 또는 b)를 하나 이상(+) 매치한다. 매치 결과가 괄호 밖의 패턴 값으로 사용된다는 것이 핵심이다.

● [소스: parenthese.js]

```
var result;
result = 'ABC'.match(/(A)/);
show(result);


result = 'ABC'.match(/((A))/);
show(result);


result = 'ABCDEF'.match(/AB(C|P)(D|Q)EF/);
show(result);
```

```
result = /((a)|(ab))/.exec("abc");
show(result);


result = /((im)|(sw))/.exec("swim");
show(result);
```

● **괄호 수만큼 캡처**

실행 결과	정규 표현식
[A, A]	'ABC'.match(/(A)/);
[A, A, A]	'ABC'.match(/((A))/);
[ABCDEF, C, D]	'ABCDEF'.match(/AB(C|P)(D|Q)EF/);

첫 번째 코드 패턴에 /(A)/를 작성했으므로 괄호 안의 문자열 값 A를 매치 대상에 매치한다. 매치가 되면 매치된 값을 배열의 첫 번째 엘리먼트에 설정하고 패턴의 괄호( )에 지정한 A를 배열의 두 번째 엘리먼트로 설정하여 반환한다. 그래서 [A, A]가 반환되었다.

두 번째 코드 패턴에 /((A))/와 같이 괄호를 두 개 작성했으며 [A, A, A]를 반환했다. 처음 A는 패턴에 작성한 문자열을 매치한 결과이고 나머지 두 개 A는 괄호 두 개로 인해 설정된 것이다. 이와 같이 괄호를 작성하면 괄호 안의 값을 괄호 수만큼 배열 엘리먼트로 반환한다.

세 번째 코드 패턴에 /AB(C|P)(D|Q)EF/를 작성했으며 반환 값은 [ABCDEF, C, D]이다. 첫 번째 ABCDEF는 패턴 전체 값으로 매치한 결과이며 C는 (C|P)에서 매치된 값이고 D는 (D|Q)에서 매치된 값이다. 괄호를 먼저 실행하여 구한 C와 D가 괄호 밖의 문자열에 반영되어 패턴 값이 ABCDEF가 된다. 이 값을 최종으로 매치하게 되므로 ABCDEF가 반환된다.

● **중복된 괄호 사용**

실행 결과	정규 표현식
[a, a, a, undefined]	/((a)|(ab))/.exec("abc");

실행 결과에서 배열의 마지막 엘리먼트에 undefined가 있는데 이는 매치되지 않은 괄호로 인해 설정된다. 위 패턴의 매치 과정을 살펴보기 위해 패턴을 분리하면 [표 8-1: 괄호 패턴]과 같이 된다.

[표 8-1: 괄호 패턴]

번호	패턴 문자	기능
#3	(	바깥 여는 괄호
#1, #2	(a)	a에 매치, 매치되면 캡처
#2	|	대체
#2	(ab)	ab에 매치, 매치되면 캡처
#3	)	바깥 닫는 괄호

매치는 우선 괄호부터 하게 되며 왼쪽에서 오른쪽으로 매치하게 된다. 따라서 #1의 (a)를 먼저 매치하게 되며 매치 대상에 a가 있으므로 a가 매치되고 캡처된다. 이때 반환 값은 ['', a]가 된다. 한편 a가 매치됨에 따라 괄호가 하나 없어지므로 처음의 ((a)|(ab))가 (a|(ab)) 형태로 된다.

이 또한 왼쪽에서 오른쪽으로 매치하며 #2인 (a|(ab))에서 a가 매치 대상에 있으므로 a가 매치되고 캡처된다. 이때 반환 값은 ['', a, a]가 된다. 괄호의 최종 결과 값이 a이며 이 또한 매치 대상에 있어 매치가 되므로 반환 값은 [a, a, a]가 된다.

한편 반환 값을 보면 배열의 마지막 엘리먼트에 undefined가 설정되었으며 이는 대체(|)로 인해 매치되지 않은 괄호로 인한 것이다. ((a)|(ab))에서 (ab)는 매치되지 않은 괄호이며 순서가 a, (a), (ab)이므로 네 번째 배열 엘리먼트에 undefined가 설정된다. 하지만 이는 설명을 위한 것으로 실제는 undefined를 설정하는 것이 아니다.

계속해서 이에 대해 살펴 본다.

▶ undefined 설정 메커니즘

배열 엘리먼트에 undefined가 설정되는 것의 논리적인 바탕은 정규 표현식의 메커니즘에서 기인한다. 정규 표현식은 패턴 문자 괄호( )를 체크하여 괄호 수만큼 배열 엘리먼트의 두 번째 인덱스부터 undefined를 설정한다. 즉 초기값으로 undefined를 괄호 수만큼 깔아 놓고 값을 채워나가는 형태다.

한편 매치가 되면 해당하는 배열 엘리먼트에 매치 결과를 설정한다. 따라서 매치가 되지 않으면 자연스럽게 undefined가 남는다. 또한 배열의 첫 번째에 패턴 전체의 매치 결과가 설정되는 것도 이 메커니즘 때문이다.

● **순서에 따른 undefined 설정**

실행 결과	정규 표현식
[sw, sw, undefined, sw]	/((im)|(sw))/.exec("swim")

패턴 (im)|(sw)에서 비록 im이 앞에 있지만 im이 매치되지 않고 sw가 매치된다. 이에 대해 이해가 안 된다면 '2.3 대체 |'를 참조한다.

앞의 패턴 매치 과정을 상기하면서 위 패턴에서 값을 채워 나가는 과정을 살펴 본다. 우선 괄호가 (im)|(sw)에서 두 개이고 이를 감싸고 있는 괄호가 있으며 최종 값이 설정될 엘리먼트가 있어야 하므로 네 개의 배열 엘리먼트를 갖게 된다.

처음 매치를 행하면 sw가 매치되고 이 값을 캡처하므로 ['', '', '', sw]가 된다. 다음 ((im)|sw)에서 sw가 매치되며 이 값은 (im)보다 바깥에 위치한다. 따라서 ['', sw, '', sw]가 된다. 최종적으로 sw가 매치되며 이는 첫 번째 엘리먼트에 설정되므로 [sw, sw, '', sw] 형태가 되며 이를 반환하게 된다.

▶ 하위 표현식

정규 표현식에 관한 글에서 하위 표현식(subexpression)이라는 용어를 볼 수 있는데 이는 일반적으로 괄호( ) 안에 작성한 패턴을 의미한다. (^12|34$)에서 ^12|34$를 하위 표현식이라고 하며 이를 분리한 ^12와 34$도 하위 표현식이라고 한다. 다소 구분이 애매하지만 일반적으로 패턴 형태를 갖고 있으면 하위 표현식이라고 할 수 있다. ECMA-262 문서에서는 이를 서브 패턴(subpattern)이라고 한다.

[1-3]에서 1-3은 서브 패턴이라고 할 수 없다. 왜냐하면 1-3 자체로 패턴이 되지 못하고 [1-3] 형태가 되었을 때 패턴이 되기 때문이다. ^12와 34$가 서브 패턴이라고 할 수 있는 것은 바로 이 때문이다.

서브 패턴을 구분하는 이유는 서브 패턴 자체가 하나의 패턴 단위이기 때문이다. (^12|34$)에서 ^12와 34$는 각각 패턴 단위가 된다. 왜냐하면 그 자체로 매치할 수 있기 때문이다. 또한 (^12|34$) 전체가 하나의 패턴 단위가 된다. 여기서 단위란 매치할 수 있는 하나의 패턴 묶음이라고 할 수 있다. 서브 패턴은 그 자체가 어떤 용도로 사용되는 것이 아니라 개념적인 용어다.

8.2 캡처 값 참조

패턴 문자 괄호( )에서 캡처된 값을 참조하는 형태는 세 가지다. 첫째, 백래퍼런스(\ 숫자) 형태로 이는 패턴 안에서 사용한다. 둘째, RegExp.$숫자 형태로 이는 패턴 매치가 완료된 후에 사용할 수 있다. 셋째, value.replace(pattern, '$1' + ',' + '$2')와 같이 replace 메소드의 파라미터에 '$숫자' 형태로 지정한다.

8.2.1 백래퍼런스 \숫자

백래퍼런스(Backreference)는 패턴 문자 괄호( )로 캡처한 결과 값을 참조한다. 패턴 문자 괄호( )에 작성한 패턴을 참조하는 것이 아니라 패턴의 매치 결과 값을 참조한다. \1과 같이 역슬래시에 연이어 숫자로 표기하며 1에 캡처 순서 즉 괄호 순서를 지정한다. 괄호를 다섯 개 사용한 경우 첫 번째 캡처를 지정하려면 \1로 표기하고 세 번째 캡처를 지정하려면 \3으로 표기한다. \0을 지정하면 Null이 반환되고 더 이상 참조하지 않는다.

백래퍼런스와 같이 일부분의 내용을 포함하고 있는 용어 성격의 단어를 접하게 되었을 때 어려운 점은 한글 번역이다. ECMA-262 문서에서 백래퍼런스와 관련된 글은 'The result can be used either in a backreference (\ followed by a nonzero decimal number)'다. The result는 캡처 값을 지칭한다.

필자는 이 책뿐만 아니라 다른 책에서도 비록 발음이 틀릴지라도 백래퍼런스와 같이 영어 발음을 한글로 작성한다. 이렇게 하는 이유는 크게 두 가지다. 우선 필자는 번역 전문가가 아니다. 선무당이 사람 잡는다는 말이 있듯이 어설프게 번역하는 것을 피하기 위함이다. 또한 단어가 갖고 있는 의미를 주관적인 시각에서 해석하지 않기 위함이다. 백래퍼런스도 마찬가지로 이 단어는 단어로 접근하기 보다는 전체 내용과 기능으로 접근해야 한다. 그래야 뜻이 정확하게 표현되고 이해되며 전달된다.

사실 백래퍼런스는 ECMA-262 문서에서 십진(Decimal) 이스케이프로 분류된 문장에서 사용한 단어다. 따라서 \1 형태를 표기할 때 '십진 이스케이프'로 표기해야 ECMA-262 문서 표준을 따른 표기라고 할 수 있다. 그런데 이 책에서 백래퍼런스로 표기한 것은 개념적으로 접근하기 위해서다.

● [소스: back.js]

```javascript
var result;
result = 'abcdef_cd'.match(/ab(c|K)(d|X)ef_/);
show(result);


result = 'abcdef_cd'.match(/ab(c|K)(d|X)ef_\1\2/);
show(result);
```

● **캡처 값 참조**

실행 결과	정규 표현식
[abcdef_, c, d]	'abcdef_cd'.match(/ab(c|K)(d|X)ef_/);
[abcdef_cd, c, d]	'abcdef_cd'.match(/ab(c|K)(d|X)ef_\1\2/);

우선 패턴이 조금 복잡해 보이는 것 같으니 이를 분리해 본다. 첫 번째 코드의 패턴은 [표 8-2: 캡처 값 참조 패턴]과 같이 분리할 수 있다. 상세하게 분리하려면 ab와 ef_도 분리해야 하지만 이는 분리하지 않았다.

[표 8-2: 캡처 값 참조 패턴]

패턴 문자	기능
ab	ab 문자열 매치
(c|K)	c 또는 K 매치, 결과 캡처
(d|X)	d 또는 X 매치, 결과 캡처
ef_	ef_ 문자열 매치

첫 번째 코드 패턴에 /ab(c|K)(d|X)ef_/를 작성했으며 첫 번째 괄호에 (c|K)를 작성했으므로 우선 abc 또는 abK를 매치하며 abc가 매치되므로 c를 캡처한다. 따라서 첫 번째 괄호의 매치 결과 값은 c가 된다.

다시 연이어 두 번째 괄호에 (d|X)를 작성했으므로 abcd 또는 abcK로 매치하며 abcd가 매치되므로 d를 캡처한다. 따라서 두 번째 괄호의 매치 결과 값은 d가 된다.

다음에 ef_가 있으며 매치 대상에 abcdef_가 있으므로 매치가 되어 이 값이 배열의 첫 번째 엘리먼트로 반환되었으며 캡처 순서인 c와 d가 반환되었다.

두 번째 코드 패턴과 첫 번째 코드 패턴의 차이는 두 번째 코드 패턴의 마지막에 \1\2를 지정한 점이다. 여기서 \1과 \2가 백래퍼런스며 ECMA-262 문서 기준으로 하면 십진 이스케이프다. 이를 역참조 특수 문자라고도 한다.

\1은 첫 번째 괄호로 캡처한 결과를 참조하므로 c를 갖게 되며 \2는 두 번째 괄호로 캡처한 결과를 참조하므로 d를 갖게 된다. 따라서 \1과 \2에 각 값을 대입하면 /ab(c|K)(d|X)ef_cd/ 형태가 된다. 아울러 괄호에서 매치한 결과 값을 반영하면 /abcdef_cd/ 형태의 패턴이 된다. 패턴에 지정한 문자열이 매치 대상에 있으므로 [abcdef_cd]가 반환되고 캡처한 순서로 c와 d가 반환되었다.

8.2.2 RegExp.$숫자

RegExp.$숫자 형태로 패턴 문자 괄호( )에서 캡처된 값을 참조하는 형태를 살펴 본다. RegExp.$1과 같이 RegExp에 다음에 점(.)을 작성하고 이어서 $를 작성하고 다음에 1부터 9까지 숫자를 지정한다. 숫자는 캡처된 순서를 의미하며 1을 지정하면 첫 번째 캡처 값을 추출하고 5를 지정하면 다섯 번째 캡처 값을 추출한다. 단 0은 사용할 수 없으며 1부터 9까지만 사용할 수 있다.

● [소스: dollar.js]

```
var result = 'abcdef'.match(/ab(c|p)(d|q)ef/);
show(result);


show(RegExp.$1);
show(RegExp.$2);


show(RegExp.$3);
show(RegExp.$9);


show(RegExp.$0);
show(RegExp.$12);
```

● 캡처 값 추출

실행 결과	정규 표현식
[abcdef, c, d]	var result = 'abcdef'.match(/ab(c|p)(d|q)ef/)
[c]	RegExp.$1
[d]	RegExp.$2

첫 번째 코드 패턴에 (c|p), (d|q)와 같이 괄호를 두 개 작성했으므로 매치가 된다면 캡처도 두 개 발생한다. 반환 값의 두 번째 c와 세 번째 d는 값이 캡처된 것을 나타 낸다.

두 번째 코드의 반환 값 [c]는 첫 번째 코드에서 첫 번째 괄호로 캡처한 값이다. 또한 세 번째 코드의 반환 값 [d]는 첫 번째 코드에서 두 번째 괄호로 캡처한 값이다. 이와 같이 RegExp.$1 형태로 캡처된 값을 추출할 수 있다.

● **캡처 형태**

실행 결과	정규 표현식
' '	RegExp.$3
' '	RegExp.$9
undefined	RegExp.$0
undefined	RegExp.$12

첫 번째 코드에 작성한 RegExp.$3은 세 번째로 캡처된 값을 추출하기 위함이다. 한 편 앞의 정규 표현식 패턴에서 /ab(c|p)(d|q)ef/와 같이 괄호를 두 개 사용했으므로 캡처가 발생하지 않는데도 빈 값이 반환되었다.

두 번째 코드도 마찬가지로 아홉 번째의 캡처가 발생하지 않는데도 빈 값이 반환되었 다. 이는 패턴을 실행하면서 RegExp 클래스에 $1부터 $9까지 프로퍼티에 빈 값을 설정하기 때문이다. 비록 값은 없지만 프로퍼티는 존재한다.

세 번째 코드와 네 번째 코드에서 undefined를 반환한 것은 RegExp 클래스에 $0과 $12 프로퍼티가 존재하지 않기 때문이다.

8.2.3 숫자 값에 콤마 삽입

웹 페이지에 123456789를 표시하면 가독성이 떨어지므로 123,456,789와 같이 세 자 리 단위로 콤마를 찍어 표시한다. 특히 회계 업무 담당자에게 있어 콤마는 필수라고

할 수 있다. 정규 표현식을 사용하지 않고 이를 구현할 수 있지만 정규 표현식을 사용
하면 한층 멋있게 구현할 수 있다. 이 절에서는 이에 대해 살펴 본다.

```
● [소스: comma.js]

var result,
    pattern;


var comma = function(value){
    value = value.toString();
    pattern = /(^[+-]?\d+)(\d{3})/;
    while (pattern.test(value)){
        value = value.replace(pattern, '$1' + ',' + '$2');
    }
    return value;
}


result = comma(123456789);
show(result);
```

마지막에서 두 번째 comma 함수의 파라미터에 123456789를 지정하여 호출하면
123,456,789가 반환된다. comma 함수를 한 줄씩 처리하는 과정을 살펴 본다.

value = value.toString( );

정규 표현식의 매치 대상은 문자열 타입이어야 하므로 파라미터에 숫자 값을 지정할
것을 대비하여 문자열 타입으로 변환한다.

pattern = /(^[+-]?\d+)(\d{3})/;

패턴을 분리하면 다음 [표 8-3: 콤마 삽입 패턴]과 같이 된다.

[표 8-3: 콤마 삽입 패턴]

패턴 문자	기능
()	첫 번째 괄호, 매치되면 캡처
^	첫 문자에 매치
[+-]	+ 또는 -에 매치
?	[+-] 결과가 없어도 매치, 있으면 하나만 매치
\d+	반드시 하나 이상 숫자에 매치
()	두 번째 괄호, 매치되면 캡처
\d{3}	숫자 세 자리에 매치

(^[+-]?\d+)

값의 첫 번째에 + 또는 -를 지정할 수 있으며 지정하지 않아도 된다. 이어서 반드시 하나 이상의 숫자를 지정해야 하며 매치되면 이를 캡처한다. -123과 같이 지정할 수 있으며 -만 지정하면 매치되지 않는다.

작성 기준으로 패턴을 해석했으므로 이번에는 패턴 문자 중심으로 분석해 본다.

1) 캐럿(^)은 첫 문자에 매치한다. 하지만 아직 매치할 문자가 정해진 것은 아니다.

2) [+-]에서 대괄호 안에 더하기(+)와 빼기(-)를 작성했으므로 이는 패턴 문자가 아닌 일반 문자가 되며 양수와 음수를 체크하기 위함이다. 여기까지 패턴을 매치하면 반드시 첫 문자에 더하기(+) 또는 빼기(-)를 작성해야 한다. 하지만 -123은 이해가 되지만 +123은 불편하다.

3) 그래서 없어도 매치하고 있으면 하나만 매치하는 물음표(?)를 두었다. 별표(*)를 사용하면 다른 문자까지 매치하게 되므로 이 자체는 매치가 될지라도 전체가 매치되지 않는다.

4) \d는 숫자에 매치하므로 123에서 1에 매치하게 된다. 이 자체만 보면 1에 매치하지만 이어서 더하기(+) 패턴이 있으므로 1이 아닌 3에 매치한다.

5) 여기에 더하기(+)를 첨부했으므로 숫자가 연속되어 있으면 모두 매치한다.

(\d{3})

세 자리 숫자 값을 지정해야 매치가 되며 매치되면 값을 캡처한다. 123이면 매치되고 12와 같이 세 자리가 안 되면 매치되지 않는다. 이는 세 자리 단위로 콤마를 삽입하기 위함이다.

while (pattern.test(value)){/*코드 블록*/}

파라미터로 받은 값과 패턴으로 test 메소드를 실행한다. test 메소드는 패턴이 매치되면 true를 반환하고 매치되지 않으면 false를 반환하므로 패턴이 매치되지 않을 때까지 /*코드 블록*/을 반복하여 실행하게 된다.

파라미터로 받은 123456789를 처음 실행하면 첫 번째 괄호에 123456이 설정되고 두 번째 괄호에 789가 설정된다. 이렇게 여섯 자리와 세 자리로 분리하는 것은 패턴의 최적화 논리에서 비롯된다. 두 번째 패턴 \d{3}은 반드시 숫자 세 자리가 돼야 매치되므로 이를 만족시키기 위해 우선 숫자 세 자리를 배분하고 나머지를 첫 번째 패턴에 적용한다. 이런 알고리즘이 없다면 이 코드는 성립되지 않는다.

value = value.replace(pattern, '$1' + ',' + '$2');

replace 메소드는 첫 번째 파라미터에 패턴을 지정하고 두 번째 파라미터에 치환할 값을 지정한다. 또한 메소드 이름 앞에 변환할 값을 지정하며 지정한 값 자체가 변환된다. 이 문장에서 가장 두드러지게 보이는 것이 '$1'과 '$2'다. 앞 절에서 살펴 보았던 RegExp.$1과 같이 바로 앞의 test 메소드에서 캡처한 값을 참조한다.

'$1'과 같이 replace 메소드 파라미터에 문자열로 지정한다. 문자열로 지정하지 않으면 변수(var)가 되므로 에러가 나거나 기대했던 것과 다르게 매치될 수 있다. replace 메소드가 아닌 곳에서 '$1'을 사용하면 문자열 값으로 처리되므로 이때에는 RegExp.$1 형태를 사용한다.

'$1' + ',' + '$2'한 결과를 value에 다시 설정하므로 value는 123456,789가 된다. 다시 이 값으로 test 메소드를 실행하면 콤마(,) 앞까지 매치하게 되므로 123,456,789가

된다. 또 다시 이를 매치하면 \d{3}은 만족하지만 \d+를 만족하지 못하므로 false가
되어 while 문을 빠져나가게 된다.

8.3 백트래킹

백트래킹(backtracking)의 사전적 의미 중에 '같은 코드를 따라 되돌아오다'가 있으
며 이는 정규 표현식의 개념과 비슷하다. 되돌아오기 위해서는 되돌아올 위치를 클로
저에 저장해야 하며, 언제 돌아올지 모르므로 매치 여부에 관계없이 모든 문자열을 클
로저에 설정해야 한다.

다른 관점에서 보면 다시 돌아오는 것과 비교를 반복하게 되므로 그만큼 처리 속도가
떨어지게 된다. 이것이 백트래킹의 전반적인 개념이다. 한편 자바스크립트의 정규 표
현식은 클로저를 사용해서 매치된 값을 저장하고 추출한다.

욕심 많은 패턴 문자와 욕심 없는 패턴 문자를 사용해서 매치할 때 백트래킹이 발생하
는 과정을 살펴 본다. 개념적인 내용이지만 이를 이해해야 명확하게 패턴을 지정할 수
있으므로 눈여겨볼 필요가 있다.

● [소스: backtracking.js]

```javascript
var result;
result = 'swim'.match(/swi?m/);
show(result);


result = 'swim'.match(/swiA?m/);
show(result);


result = 'swim'.match(/s.*?/);
show(result);


result = 'swim'.match(/s.*?m/);
show(result);
```

● **기본 매치**

실행 결과	정규 표현식
[swim]	'swim'.match(/swi?m/)

패턴에 /swi?m/를 지정했으므로 [swim]이 반환되는 것은 당연하지만, 매치 결과보다 매치 과정을 살펴보기 위한 코드다.

패턴의 s로 매치 대상을 매치하게 되면 s가 매치되며 이 값은 클로저에 설정되고 '4.5 클로저를 사용하는 내부 함수'에서 살펴보았던 lastIndex에 두 번째 인덱스 값이 설정된다. 즉 다음 매치는 lastIndex부터 하게 된다.

다음 w도 매치가 되며 그 다음이 문제다. ?가 욕심 많은 패턴이므로 우선 매치를 하려고 시도하게 된다. 물론 매치 대상에 i가 있으므로 매치가 되며 다음 m도 매치가 된다.

이 코드의 매치 과정에서 눈여겨볼 것은 매치가 될 때마다 lastIndex 값이 증가하게 되고 이 값 위치부터 매치를 행하게 된다는 것과 욕심 많은 패턴 문자는 우선 매치하려고 시도를 한다는 점이다. 계속해서 이와 관계된 부분을 살펴 본다.

● **욕심 많은 패턴 문자**

실행 결과	정규 표현식
[swim]	'swim'.match(/swiA?m/)

패턴에 /swiA?m/를 지정했으므로 swim 또는 swiAm이 매치 대상에 있으면 매치로 처리된다. 앞서 살펴 보았던 것과 같이 매치 과정을 살펴 본다. swi까지 매치되는 과정은 같다. i를 매치하고 나면 lastIndex는 매치 대상의 m을 가리키게 되고 패턴은 A?에 있게 된다. 만약 물음표가 없다면 당연히 매치는 실패한다.

하지만 정규 표현식의 최적화가 파산되지 않도록 다각도로 매치를 행할 것이다. 이때 매치가 되지 않아도 매치로 처리하고 매치가 되면 더욱 좋아하는 물음표(?) 패턴 문자를 적용하게 된다. 매치 대상 마지막의 m에 A?를 매치하면 매치가 된다. 여기까지는 괜찮다.

이때 lastIndex는 m 다음의 인덱스 값을 갖게 되며 이 인덱스 번째의 값에 패턴의 마지막 m을 매치하면 전체 매치가 실패로 돌아가게 된다. 이와 같이 남은 패턴을 실행하는 함수가 '4.5 클로저를 사용하는 내부 함수'에서 살펴 보았던 Continuation 함수다. 한마디로 누울 자리뿐만 아니라 냉·난방까지 체크한다.

그럼 최적화 용병을 투입한 효과가 없으므로 최적화는 숨겨둔 비장의 무기인 백트래킹을 동작시킨다. 백트래킹이란 자신이 왔던 길을 다시 돌아가는 것이므로 lastIndex에서 1을 빼고 그 값을 다시 설정한다. 그러면 매치 대상 마지막의 m을 가리키게 되고 A?는 매치가 되지 않아도 매치로 처리하므로 이 위치에 m을 매치해도 지금까지 매치되었던 것이 실패로 돌아가지 않는다. 또한 m이 매치가 되므로 전체가 매치로 처리된다. 이것이 백트래킹 개념이다.

만약 이때도 매치가 안 되면 다시 거슬러 올라가서 다시 매치를 행한다. 이와 같이 계속했지만 최종적으로 매치가 안 되면 그때 매치 실패를 선언하게 된다.

● 욕심 없는 패턴 문자

실행 결과	정규 표현식
[s]	'swim'.match(/s.*?/)
[swim]	'swim'.match(/s.*?m/)

첫 번째 코드 패턴에 /s.*?/를 지정했으며 실행 결과는 [s]다. 이는 패턴에서 점(.) 앞의 s만을 매치한 결과이며 이와 같이 욕심 없는 패턴 문자는 되도록 매치하지 않으려는 특성을 갖고 있다.

두 번째 코드 패턴에 /s.*?m/를 지정했으며 첫 번째 코드 패턴과 차이는 패턴의 마지막에 m을 지정한 점이다. 한편 실행 결과를 보면 매치 대상에 있는 모든 문자열이 매치되었다. 이의 매치 과정을 살펴 본다.

패턴의 s를 매치 대상의 첫 번째 문자에 매치하면 매치가 되며 이때 lastIndex는 w를 가리키게 되고 패턴은 다음 패턴으로 이동한다. 패턴의 .*?에서 *?는 되도록 매치하지 않으려는 특성으로 인해 일단 다음 패턴으로 넘어간다. 패턴을 매치하는 것이 패턴의 본성인데, 임무를 태만하는 것과 같은 느낌이 들 수 있지만 이 패턴의 본성이므로 본분을 다한 것이라고 할 수 있다.

패턴 마지막의 m이 매치된 s를 결합하여 sm으로 매치를 행하지만 매치가 되지 않는다. 이때 정규 표현식은 최적화 용병을 투입하고 숨겨둔 병기인 백트래킹을 발동시킨다. 패턴 m의 앞 패턴으로 돌아와 .*?로 매치를 행하게 하며 w가 매치된다. 이때 포인터는 i에 위치하게 되며 패턴은 다시 m으로 돌아간다. 그리고 다시 패턴 m을 첨부하여 swm으로 매치를 행하더라도 매치가 되지 않는다. 이때 다시 한 번 백트래킹을 동작시켜 패턴 m의 앞 패턴으로 돌아와 .*?으로 i를 매치하게 되며 이를 클로저에 저장한다.

다시 패턴의 마지막 m을 클로저의 저장된 값에 첨부하여 swim으로 매치하게 되며 매치가 된다. 드디어 전체 패턴이 매치가 된 것이다. 이제 용병은 임무를 다했으므로 물러가게 되며 매치된 [swim]이 반환된다.

이와 같이 백트래킹은 지나간 위치로 다시 돌아와 매치를 행하는 메커니즘을 의미한다. 물론 정규 표현식에서 이를 행하지만 행동의 기준은 개발자가 지정한 패턴이므로 이런 점을 고려해서 패턴을 지정해야 한다. 정규 표현식을 처음 접하는 독자에게는 어려울 수도 있다. 하지만 개념 자체를 이해하지 못하면 생각 자체를 할 수 없으므로 적어도 개념은 이해해 둘 필요가 있다.

8.4 최대로 매치

정규 표현식의 최대로 매치하는 메커니즘을 살펴 본다. 이를 통해 정규 표현식의 최적화를 명확하게 이해할 수 있다. 정규 표현식을 작성할 때 패턴 문자 괄호( )를 자주 사용하므로 완전하게 내 것으로 만들 필요가 있다.

● [소스: maxmatch.js]

```
var result;
result = 'aabaac'.match(/(aa|aabaac|b)/);
show(result);


result = 'aabaac'.match(/(aa|aabaac|b)*/);
show(result);


result = 'aabkkcd'.match(/(aa|ba|b|c)*/);
show(result);


result = 'aabaac'.match(/(aa|ba|b|c)*/);
show(result);


result = 'aabaac'.match(/(aa|baac|b)*/);
show(result);


result = 'aacbabac'.match(/(aa|ba|b|c)*/);
show(result);
```

● 매치된 값을 첨부하여 다시 매치

실행 결과	정규 표현식
[aa, aa]	'aabaac'.match(/(aa|aabaac|b)/);
[aabaa, aa]	'aabaac'.match(/(aa|aabaac|b)*/);

첫 번째 코드 패턴을 나누어 살펴 보기 전에 우선 실행 결과를 기준으로 패턴을 역으로 매치해본다. 패턴의 첫 번째 aa가 매치되므로 [aa]를 반환했으며 나머지 패턴은 매치되지 않아 값을 반환하지 않았다. 패턴에서 aa 다음은 aabaac이며 이 값이 매치 대상에 있는데도 매치되지 않은 이유에 대해서는 계속해서 살펴 볼 것이다.

aabaac 다음의 b도 매치 대상에 있지만 매치되지 않은 것은 aa가 매치되면서 설정한 인덱스 값보다 b로 매치한 인덱스 값이 크기 때문이다. 즉 aa에서 a 인덱스 값은 0이고 b 인덱스 값은 2다. 따라서 b가 aa를 대체할 수 없으므로 인덱스 값이 작은 aa가 반환되었다.

두 번째 코드와 첫 번째 코드의 차이는 패턴에 별표(*)가 있는 점이다. 별표(*)는 지정한 문자가 없어도 매치로 처리하고 있으면 모두 매치한다. 즉 최대로 매치하려는 특성을 갖고 있다.

두 번째 코드에서 패턴의 첫 번째 aa가 매치되면 이를 클로저에 설정하고 이 값으로 매치 대상에 매치한다. 당연히 매치되며 이때 포인터는 매치 대상의 b에 위치하게 된다.

패턴의 다음 값은 aabaac이며 이 값은 매치 대상에 있지만 클로저에 설정된 aa 뒤에 첨부하면 aaaabaac가 되므로 매치되지 않는다. 이는 하나라도 더 매치하려는 특성 때문이다. 즉 처음 매치된 aa보다 더 많은 매치가 발생하면 그 값을 반환하려는 특성에서 비롯된다.

이어서 패턴에 b가 있으며 매치가 되므로 이를 클로저에 설정되어 있는 aa 뒤에 첨부하여 매치한다. 즉 aab로 매치한다. 이 값은 매치 대상에 있으므로 매치가 된다. 따라서 이미 매치된 aa보다 aab가 더 많이 매치되므로 현 시점에서 반환 값은 aa가 아니라 aab가 된다. 이때 포인터는 매치 대상의 네 번째 인덱스 즉 aac에서 a에 위치하게 되며 패턴은 끝까지 매치한 상태다.

▶ 최대로 매치하려는 특성

패턴의 끝까지 매치했다고 해서 여기서 끝나는 것이 아니다. 최대로 매치하려는 특성으로 인해 다시 포인터가 가리키고 있는 인덱스부터 매치된 값인 aa를 매치한다. 매치가 되므로 이 값을 클로저에 설정한 최종 값에 첨부하여 매치를 행한다. 즉 aabaa로 매치한다. 이 값이 매치 대상에 있으므로 매치가 된다. 따라서 이 시점에서 반환 값은 [aabaa, aa]다.

그렇다고 여기서 끝나는 것이 아니다. 최대로 매치하려는 특성으로 인해 매치된 b를 클로저에 설정한 최종 값에 첨부하여 매치한다. 즉 aabaab로 매치한다. 이 값은 매치 대상에 없으므로 직전에 매치된 값인 aabaa와 aa가 최종 값으로 반환된다.

조금은 장황하지만 최대로 매치하려는 특성을 이해하면 어렵지 않게 풀어 나갈 수 있다. 매치 대상의 인덱스를 증가시키면서 값을 매치하고 매치될 때마다 클로저의 최종 값에 첨부하고 이를 다시 매치한다. 매치되면 매치된 값을 반환하고 매치가 안 되면 매치된 시점의 값을 반환한다. 계속해서 조금 다른 각도에서 위에서 다루었던 내용을 살펴 본다.

● 매치되면 포인터가 이동

실행 결과	정규 표현식
[aab, b]	'aabkkcd'.match(/(aa|ba|b|c)*/);
[aaba, ba]	'aabaac'.match(/(aa|ba|b|c)*/);

첫 번째 코드의 반환 값을 기준으로 패턴을 역추적해본다. 패턴에 지정한 ba는 매치 대상에 없으므로 일단 매치에서 제외한다. 매치 대상이 없는 패턴을 작성한 것은 의도적이다. 패턴을 공유하거나 데이터가 발생하지 않은 경우 이와 같이 빈 패턴이 된다. 이것만 보면 필요 없는 패턴이 되지만 데이터가 바뀌면 필요할 수 있다.

패턴의 처음 aa가 매치되며 다음의 ba는 제외되므로 다음의 b를 매치하게 된다. b가 매치되므로 aa 뒤에 b를 첨부하여 aab로 매치하면 매치가 된다. 그리고 다음의 c도 매치되지만 aab 뒤에 c를 첨부하여 aabc로 매치하면 매치되지 않으므로 매치된 최종 값인 [aab, b]를 반환한다.

두 번째 코드 패턴 값을 각각 매치해보면 모든 값이 매치된다. 이제 남은 것은 연결해서 매치하는 것이다. 패턴의 처음 aa가 매치되고 다음의 ba도 매치가 되므로 이를 합하면 aaba가 되며 이 또한 매치된다. 다음의 b는 매치되지만 매치된 최종 값인 aaba 뒤에 첨부하여 aabab로 매치하면 매치되지 않는다. 또한 다음의 c도 매치되지만 매치된 최종 값인 aaba 뒤에 첨부하여 aabac로 매치하면 매치되지 않는다. 따라서 [aaba, ba]가 반환 대상이 된다.

▶ 매치된 것 다시 매치

이때 패턴에 작성한 값 중에서 매치된 값은 aa, ba다. 최대로 매치한다는 특성으로 인해 매치된 값을 다시 매치하게 된다. 매치 대상의 첫 번째 aa는 이미 매치에 사용했으므로 매치 대상에서 제외된다. 따라서 매치 대상 네 번째 인덱스에 있는 aa부터 매치 대상이 된다.

그런데 aa가 매치되지 않았다. 이는 매치 대상 'aabaac'에서 먼저 aaba를 매치에 사용했으므로 ac만 남았기 때문이다. 즉 네 번째 인덱스의 a는 aaba 매치에 사용했으므로 다섯 번째의 a부터 매치 대상이 된다. 따라서 aa와 매치되지 않는다. 이제 패턴 값 중에서 매치된 값으로 남아 있는 것은 ba다. 매치 대상의 다섯 번째 인덱스 이후에 ba가 없으므로 매치되지 않는다.

위의 글을 보면서 매치 여부를 확인할 수 있는 나름대로의 방법을 습득했을 수도 있다. 정규 표현식은 디버깅이 어렵기 때문에 독자 나름대로 방법을 찾고 만들어야 한다. 그렇지 않으면 바다 위의 나룻배가 될 수 있다. 폭풍이 없으면 순항하지만 폭풍이 몰아치면 전복되고 만다. 즉 작성한 패턴에 대해 확신을 갖지 못하게 된다.

패턴 문자 괄호( )를 처음 접하는 독자라면 어렵게 느꼈을 것이다. 논리를 이해하려고 했던 독자는 더욱 그랬을 것이다. 필자도 이에 공감한다. 괄호( )는 정규 표현식의 핵이므로 어렵더라도 내 것으로 만들 필요가 있다. 정리하는 차원에서 지금까지 살펴 보았던 내용에 한 가지를 추가해서 마무리해 본다.

● **최대 매치 마무리**

실행 결과	정규 표현식
[aabaac, baac]	'aabaac'.match(/(aa|baac|b)*/);
[aacbabac, c]	'aacbabac'.match(/(aa|ba|b|c)*/);

첫 번째 코드 패턴에 대체(|)가 두 개 있지만 매치 측면에서 보면 아주 간단하다. 패턴 처음의 aa가 매치되며 이 값은 클로저에 저장된다. 다음의 baac도 매치되며 이를 첫 번째 매치된 aa 뒤에 첨부하면 aabaac가 되며 이 또한 매치된다. 그래서 [aabaac, baac]가 반환되었다. 패턴의 마지막에 b도 매치되며 aab로도 매치되지만 aab는 이미 aa와 baac를 매치하면서 사용했기 때문에 매치되지 않는다.

두 번째 코드 패턴은 간단해 보이지만 생각할 점이 있다. 패턴 처음의 aa가 매치되며 이 값은 클로저에 저장된다. 다음 ba도 매치되지만 aa 뒤에 연결하면 aaba가 되어 매치되지 않는다. 여기서 ba가 매치되었다는 것을 기억하기 위해 ##으로 표기해 둔다.

패턴의 세 번째 b가 매치 대상에 있지만 aa 뒤에 연결하여 aab로 매치하면 매치되지 않는다. 패턴의 네 번째 c가 매치 대상에 있으며 aa 뒤에 연결하여 aac로 매치하면 매치된다. 이렇게 함으로써 패턴의 끝까지 매치가 끝났다. 현 시점에서 반환 값은 [aac, c]다.

▶ **최대로 매치**

남은 것은 최대로 매치하려는 특성에 따라 패턴에서 매치된 값을 다시 매치하는 것이다. ##에서 매치되었던 ba를 최종 값인 aac 뒤에 연결하면 aacba가 되며 이는 매치된다. 이때 매치 대상의 포인터는 여섯 번째의 ba에 위치하게 된다.

그런데 이 위치에 ba가 또 있으므로 최대로 매치하려는 특성이 발동하게 된다. 즉 최종으로 매치되어 클로저에 저장되어 있는 aacba 뒤에 ba를 연결하여 매치하게 되며 매치가 된다. 현 시점의 반환 값은 [aacbaba, ba]다.

마지막으로 패턴 중에서 매치된 값은 c다. 최대로 매치하는 특성으로 인해 최종 값인 aacbaba 뒤에 c를 첨부하여 매치한다. 이것마저도 매치 대상에 있어 매치가 되므로 [aacbabac, c]가 반환된다.

8.5 캡처하지 않는 그룹 (?:)

(?:)와 같이 괄호 안에 물음표(?)와 콜론(:)을 연속해서 지정하면 매치 결과를 캡처하지 않는다. match 메소드에서 괄호를 사용하면 괄호 안의 매치 결과 값이 반환되므로 결과 값만 처리하려 할 때 방해가 될 수 있다. 이때 (?:)를 사용하면 캡처하지 않으므로 괄호 안의 매치 결과가 반환되지 않고 전체 결과만 반환된다.

● [소스: noneCapture.js]

```javascript
var result;
result = 'abcdef'.match(/ab(?:cd)ef/);
show(result);


show(RegExp.$1);
```

● 캡처하지 않음

실행 결과	정규 표현식
[abcdef]	'abcdef'.match(/ab(?:cd)ef/);
' '	RegExp.$1

첫 번째 코드 패턴에 /ab(?:cd)ef/를 지정했으며 (?:cd)와 같이 괄호에 물음표(?)와 콜론(:)을 작성하고 매치할 문자열을 지정했다. 매치 대상에 abcdef가 있으므로 매치되며 이 값이 배열로 반환되었다.

반환 값을 보면 [abcdef]가 반환되었다. 괄호를 사용하면 [abcdef, cd]가 반환되나 abcdef만 반환하고 cd를 반환하지 않았다. 이는 (?:cd) 형태로 작성하면 cd를 매치 기준 값으로만 사용하고 캡처는 하지 않기 때문이다. 따라서 cd를 백래퍼런스(\1)로 참조할 수 없다.

두 번째 코드의 실행 결과는 빈 값('')이며 이는 $1에 설정한 값이 없다는 것을 의미한다. 이 값은 캡처가 발생할 때 설정되므로 캡처가 발생하지 않았다는 것을 의미한다.

8.6 전방 매치 (?=)

전방 매치(lookahead)는 전방 검색이라고도 하며 (?=)로 표기한다. ?=에 연이어 매치 위치를 결정할 값을 지정한다. 정규 표현식은 일반적으로 왼쪽에서 오른쪽으로 매치를 행하지만 (?=)는 매치 기준 위치를 먼저 찾고 그 위치에서 앞으로 매치를 행한다. 뒤는 전혀 상관하지 않는다. 뒤로 매치하는 것을 후방 매치 또는 후방 검색이라고 하는데 자바스크립트는 이를 지원하지 않는다.

ECMA-262 문서에서 (?=)에 대한 정의를 다음과 같이 하고 있다.

```
The form (?= Disjunction) specifies a zero-width positive lookahead.
```

zero-width, positive, lookahead 모두 상당한 의미를 가진 단어다. 너무 함축적이라서 이해하기 어렵지만 이를 정리하는 것이 필자의 임무이기도 하다. 전방 매치는 세 개의 단어 의미를 이해해야 전체를 이해할 수 있다. 예제를 통해 이 개념을 살펴 본다.

```
● [소스: equal.js]
```

```javascript
var result;
result = 'abcc'.match(/ab(?=c)/);
show(result);


result = 'abcc'.match(/ab/);
show(result);


result = 'abdcc'.match(/ab(?=c)/);
show(result);


result = 'dabcc'.match(/ab(?=c)/);
show(result);


result = 'abch'.match(/ab(?=c)ch/);
show(result);
```

● **매치 위치 지정**

실행 결과	정규 표현식	매치 대상	패턴
[ab]	'abcc'.match(/ab(?=c)/);	abcc	ab(?=c)
[ab]	'abcc'.match(/ab/)	abcc	ab
null	'abdcc'.match(/ab(?=c)/);	abdcc	ab(?=c)
[ab]	'dabcc'.match(/ab(?=c)/);	dabcc	ab(?=c)

첫 번째 코드 패턴에 /ab(?=c)/를 지정했으며 [ab]가 반환되었다. 두 번째 코드 패턴에 /ab/를 지정했으며 [ab]가 반환되었다. 반환 값을 보면 두 패턴의 매치 결과가 같다. 그렇다면 첫 번째 패턴의 (?=c)는 없어도 된다는 것을 의미한다. 결과만 보면 (?=c)는 없어도 된다. 괄호( )로 인해 값을 캡처한 것도 아니다.

하지만 결과로는 보이지 않지만 나름대로 역할이 있다. 세 번째 코드 패턴과 첫 번째 코드 패턴은 같으나 매치 대상 값이 다르다. 첫 번째 코드는 abcc고 세 번째 코드는

abdcc다. 두 매치 대상의 차이는 세 번째 인덱스의 c와 d다.

(?=c)에서 ?=는 매치 대상에서 c의 위치를 찾는다. 그리고 (?=c) 앞에 작성한 문자열을 매치한다. 이때 c를 합쳐 매치하지만 c는 반환하지 않고 앞에 매치된 값을 반환한다. 매치 기준 전체를 반환하는 것이 아니다.

```
■ 첫 번째: 'abcc'.match(/ab(?=c)/), 세 번째: 'abdcc'.match(/ab(?=c)/);
```

첫 번째 코드의 매치 대상에 c는 세 번째에 있으며 그 바로 앞에 ab가 있으므로 매치되어 c를 제외한 [ab]를 반환했다. 한편 세 번째 코드의 매치 대상에 c는 네 번째에 있으며 그 앞에 abd가 있으므로 abc와 매치되지 않아 null이 반환되었다.

```
■ 네 번째: 'dabcc'.match(/ab(?=c)/);
```

세 번째 코드와 네 번째 코드 패턴은 같으나 매치 대상이 다르다. 세 번째는 abdcc고 네 번째는 dabcc다. 세 번째는 c 앞에 bd가 있으나 네 번째는 ab가 있다. 네 번째에서 [ab]가 반환된 것은 c 앞에 ab가 있으므로 매치가 되며 c를 반환하지 않기 때문이다.

zero-width, positive, lookahead에서 lookahead는 (?=c)에서 c의 위치를 찾고 그 위치를 기준으로 앞 쪽에 매치하는 것을 의미한다. positive는 (?=c)에서 c가 매치되어야 하며 매치된 위치가 기준 위치가 된다. 다음 절에서 다룰 (?! Disjunction)에 대해 ECMA-262 문서에 The form (?! Disjunction) specifies a zero-width negative lookahead로 작성되어 있으며 이는 매치되지 않은 위치를 기준으로 앞 쪽에 매치한다.

정규 표현식은 매치가 되면 인덱스를 1 증가시켜 다음 인덱스부터 매치를 행한다. 하지만 (?=c)는 c 위치에서 다음 패턴을 적용한다. 즉 c 다음 문자부터 매치하지 않고 c 문자부터 매치한다. zero-width는 이 개념을 통칭하며 다음 예제는 이를 보충한다.

● **위치를 이동하지 않음**

실행 결과	정규 표현식
[abch]	'abch'.match(/ab(?=c)ch/);

매치 대상 abch에서 c는 세 번째다. 패턴의 ab와 (?=c)의 c를 합쳐 abc를 매치하면 매치되고 c를 반환하지 않으므로 ab가 반환 대상이 된다. 이렇게 매치한 후 네 번째 위치부터 다음 패턴을 매치하는 것이 일반적인 처리 형태다. 매치 대상의 ch에서 c가 아닌 h부터 패턴을 매치한다.

한편 패턴 끝에 ch가 있으므로 남은 h와 매치하면 매치되지 않는다. 따라서 null이 반환되어야 하나 [abch]가 반환되었다. 이때 zero-width 개념이 적용된다. abc로 매치한 후 다음 인덱스가 아닌 c 인덱스부터 패턴을 매치한다. 따라서 매치 대상에 ch가 남게 되며 패턴 끝에 작성한 ch와 매치되어 [abch]가 반환된다.

지금까지 살펴 보았듯이 (?=)는 positive, zero-width, lookahead 개념을 아우른 형태다. (?=)에 지정한 값으로 매치 기준 위치를 결정하고 앞 쪽으로 매치를 행한다. 괄호 앞에 지정한 값이 매치되더라도 (?=)에 지정한 값은 반환하지 않는다. ?=에 연이어 작성한 위치부터 다음 패턴을 매치한다.

8.7 전방 부정 매치 (?!)

전방 부정 매치는 (?!)로 표기한다. ?!에 연이어 작성한 문자열이 매치되지 않을 때 (?!) 앞쪽으로 매치를 행한다. 이를 다른 각도에서 보면 ?! 앞에 작성한 문자열이 매치되고 ?! 뒤에 작성한 문자열이 매치된 문자열에 연속되지 않으면 매치로 처리하고, 연속되면 매치로 처리하지 않는다. 그래서 부정(negative) 매치다. 이 형태는 설명보다 예제를 보는 것이 이해하기 쉽다.

> ● [소스: notEqual.js]

```javascript
var result;
result = 'abcdef'.match(/ab(?!ef)/);
show(result);


result = 'abcdef'.match(/ab(?!cd)/);
show(result);


result = 'abcdef'.match(/abc(?!KK)/);
show(result);


result = 'abcdef'.match(/aAA(?!KK)/);
show(result);
```

● 매치되지 않으면 매치

실행 결과	정규 표현식
[ab]	'abcdef'.match(/ab(?!ef)/);
null	'abcdef'.match(/ab(?!cd)/);

첫 번째 코드 패턴에 /ab(?!ef)/를 작성했으며 [ab]가 반환되었다. [ab] 반환은 패턴 처음에 지정한 ab가 매치되었다는 것을 의미한다.

두 번째 코드 패턴에 /ab(?!cd)/를 작성했으며 null이 반환되었다. 이는 패턴 처음에 지정한 ab가 매치되지 않았다는 것을 의미한다.

두 가지를 종합해 보면 첫 번째 패턴의 (?!ef)에서 abef로 매치하면 매치되지 않고 두 번째 패턴의 (?!cd)에서 abcd로 매치하면 매치된다. 즉 (?!)는 (?!)에 연이어 지정한 값이 매치되면 null을 반환하고 매치되지 않으면 그 위치에서 앞쪽으로 매치한다.

● **지정한 값으로 매치**

실행 결과	정규 표현식
[abc]	'abcdef'.match(/abc(?!KK)/);
null	'abcdef'.match(/aAA(?!KK)/);

첫 번째 코드 패턴에 /abc(?!KK)/를 지정했으며 abcKK가 매치 대상에 없으므로 매치를 행한다. 이때 abc(?!KK)에서 KK를 제외하고 abc만으로 매치를 행하며 매치 대상에 abc가 있으므로 [abc]가 반환된다.

두 번째 코드와 첫 번째 코드가 다른 점은 패턴의 aAA다. 그런데 null이 반환된 것은 aAA가 매치되지 않았기 때문이다. (?!)에 KK를 지정했으므로 aAA로 매치하게 되는데 매치 대상에 aAA가 없으므로 null이 반환된 것이다.

Chapter 09

RegExp 클래스

RegExp 클래스는 클래스이므로 new 연산자와 RegExp( ) 생성자 함수로 인스턴스를 생성해야 한다. RegExp 클래스는 exec( ), test( ), toString( ) 메소드를 제공한다. 이 장에서는 RegExp 인스턴스를 생성하는 형태와 방법을 살펴 본다.

자바스크립트는 RegExp 클래스를 인스턴스로 생성하지 않아도 RegExp 클래스에서 제공하는 메소드를 호출할 수 있다. 하지만 반드시 RegExp 인스턴스를 생성해야 하는 경우가 있다. 이에 대해서도 살펴 본다.

9.1 RegExp 인스턴스 생성

new RegExp( )는 정규 표현식 인스턴스를 반환한다. new 연산자를 사용하지 않고 RegExp 생성자 함수만 실행해도 인스턴스를 반환한다. 첫 번째 파라미터에 패턴을 지정하며 패턴 형태 또는 문자열로 지정할 수 있다. 두 번째 파라미터에 플래그를 지정한다.

첫 번째 파라미터를 패턴 형태로 지정하고 두 번째 파라미터에 플래그를 지정하면
TypeError 예외가 발생한다. 따라서 첫 번째 파라미터를 패턴 형태로 지정할 때는 패
턴에 플래그를 함께 작성하고 두 번째 파라미터는 지정하지 않는다. 첫 번째 파라미터
를 문자열로 지정한 경우 두 번째 파라미터에 플래그를 지정할 수 있다.

● **[문법]**

구분	타입	값
생성자	function	new RegExp( ), RegExp( )
파라미터	regexp, string	패턴
	string	플래그(i/g/m)
반환	object	RegExp object
예외	TypeError	본문 참조

● **[소스: new.js]**

```
var reg;
reg = new RegExp(/\w/g);
show(reg);


reg = new RegExp('\\w', 'g');
show(reg);


reg = RegExp('\\w', 'g');
show(reg);
```

● **RegExp 인스턴스 생성**

실행 결과	정규 표현식
RegExp 인스턴스	new RegExp(/\w/g);
	new RegExp('\\w', 'g');
	RegExp('\\w', 'g');

위 코드는 RegExp 인스턴스를 생성하는 코드로 첫 번째 코드는 파라미터에 패턴을 지정한 형태이고 두 번째 코드는 문자열로 패턴을 지정한 형태다. 세 번째 코드는 new 연산자를 사용하지 않고 생성자 함수만 사용했다.

var pat = /\w/g;
new RegExp(pat);

위 형태와 같이 변수에 패턴을 설정한 후 변수 이름을 파라미터에 지정할 수도 있으며 이때 pat의 데이터 타입은 오브젝트다.

두 번째 코드의 첫 번째 파라미터를 보면 '\\w'와 같이 역슬래시를 두 개 작성했는데 생성자 함수의 파라미터에 패턴을 지정할 때 역슬래시를 문자로 인식하려면 역슬래시를 짝수로 작성해야 하기 때문이다. 이에 대해 '9.3 패턴 미지정'에서 다루고 있다.

세 번째 코드의 특징은 new 연산자를 사용하지 않고 RegExp 생성자 함수만 작성했다. 이렇게 작성해도 RegExp 인스턴스가 생성되는 것은 내부에서 constructor 프로퍼티에 설정된 생성자 함수를 호출하고 그 결과를 반환하기 때문이다. 즉 내부에서 new RegExp(pattern, flags)를 실행하여 생성된 RegExp 인스턴스를 반환한다.

9.2 RegExp 인스턴스 여부 체크

자바스크립트 프로그램을 작성할 때 오브젝트 속성을 필요로 하는 경우가 있다. 이때 typeof 연산자를 사용하게 되는데 이것만으로 RegExp 인스턴스 여부를 체크하면 완전하게 체크할 수 없다. 따라서 다른 체크를 병행해야 하는데 이에 대해 살펴 본다.

```
● [소스: check.js]

var reg = new RegExp('\\w');
show(typeof reg);


var cons = reg.constructor == RegExp;
show(cons);
```

● RegExp 인스턴스 여부 체크

실행 결과	정규 표현식
RegExp 인스턴스	reg = new RegExp('\\w');
object	typeof reg;
true	reg.constructor == RegExp;

첫 번째 코드를 실행하면 reg 변수에 RegExp 인스턴스가 설정된다. 이를 두 번째 코드와 같이 typeof 연산자로 속성을 추출하면 아래 [표 9-1: typeof 결과]에서 볼 수 있 듯이 object와 function을 반환한다.

[표 9-1: typeof 결과]

브라우저	패턴
IE 7.0	object
Firefox 3.0	object
Chrome 3.0	object
Safari 3.2	function
Opera 10.10	object

한편 function abc( ){ } 또는 var hash = {key: value}도 object를 반환하므로 정확 하게 RegExp 인스턴스인 것을 인식할 수 없다. 이때 constructor 프로퍼티를 사용하 면 RegExp 인스턴스 여부를 체크할 수 있다.

▶ constructor 프로퍼티

자바스크립트에서 생성자 함수를 호출하면 생성자 함수에 지정한 클래스의 prototype 프로퍼티에 설정되어 있는 메소드와 프로퍼티를 상속받아 인스턴스에 설정한다. 그래서 자바스크립트를 prototype 기반 객체지향 언어라고 한다.

아울러 인스턴스에 prototype 프로퍼티와 constructor 프로퍼티가 자동으로 설정된다. 생성한 인스턴스에 메소드를 첨부하여 새로운 인스턴스를 생성할 수 있는데 이때 prototype 프로퍼티에 메소드를 첨부한다. 이를 prototype chain이라고 한다.

한편 constructor 프로퍼티에는 생성자 함수가 설정된다. 이는 생성한 인스턴스의 prototype 프로퍼티에 메소드를 첨부하여 새로운 인스턴스를 생성할 때 constructor에 설정한 생성자 함수를 호출하기 때문이다. 이를 설정하지 않으면 생성자 함수가 없으므로 실행이 되지 않는다.

세 번째 코드에서 reg 변수에 설정된 것은 RegExp 인스턴스며 constructor 프로퍼티에는 RegExp 생성자 함수가 설정되어 있다. 따라서 constructor 프로퍼티에 RegExp 생성자 함수가 설정된 것을 비교하면 RegExp 인스턴스 여부를 체크할 수 있다.

9.3 패턴 미지정

RegExp 생성자 함수에 패턴을 지정하지 않으면 에러가 나지 않고 RegExp 인스턴스가 생성된다. 이는 RegExp 클래스에서 디폴트(Default) 패턴을 사용하기 때문이다. 그런데 문제는 브라우저마다 차이가 있다. 다음 [표 9-2: 브라우저 생략 패턴]에서 볼 수 있듯이 설정되는 패턴이 다르므로 패턴을 반드시 지정해야 한다.

[표 9-2: 브라우저 생략 패턴]

브라우저	패턴
IE 7.0	//
Firefox 3.0	/(?:)/
Chrome 3.0	/(?:)/
Safari 3.2	//
Opera 10.10	//

● [소스: pattern.js]

```
var reg = new RegExp();
show(reg);
```

RegExp 생성자 함수에 파라미터를 지정하지 않았으며 [표 9-2: 브라우저 생략 패턴]
과 같이 디폴트 패턴을 사용한다.

9.4 인스턴스 생성 후 exec( ) 호출

exec 메소드는 패턴을 매치하여 배열 오브젝트로 매치 결과를 반환한다. '4.7 하나만
매치 exec( )'에서 exec 메소드 기능을 살펴 보았으나 RegExp 인스턴스를 생성하지
않는 형태를 다루었다. 이 절에서는 RegExp 인스턴스를 생성하고 exec 메소드를 호
출하는 형태를 살펴 본다.

exec 메소드는 RegExp 인스턴스를 생성하지 않고도 호출할 수 있다. exec 메소드
앞에 패턴을 작성하고 메소드의 파라미터에 매치 대상 값을 지정하면 정상으로 실행
된다. 그런데 패턴에 직접 매치 기준을 작성하지 않고 문자열과 변수를 조합해서 패턴
을 지정하려면 이를 RegExp 생성자 함수의 파라미터에 지정해서 RegExp 인스턴스
를 생성해야 exec 메소드가 정상적으로 실행된다.

● **[문법]**

구분	타입	값
패턴	RegExp	패턴, RegExp 인스턴스
파라미터	String	매치 대상
반환	Array	매치 결과
	property	index: 매치된 인덱스
	property	input: 매치 대상

● **[소스: exec.js]**

```
var reg = new RegExp(/\w/);
var result = reg.exec('123');
show(result);
```

● **생성한 인스턴스 사용**

실행 결과	정규 표현식
[1]	var reg = new RegExp(/\w/); reg.exec('123');

RegExp 인스턴스를 생성할 때 RegExp 클래스의 prototype 프로퍼티에 지정되어 있는 exec, test, toString 메소드를 상속받아 생성할 인스턴스에 설정한다. 이때 인스턴스에 패턴도 같이 설정된다. 따라서 인스턴스의 exec 메소드를 호출할 때 패턴을 지정하지 않고 매치 대상만 지정한다. exec 메소드의 파라미터에 지정한 '123'은 매치 대상 값이다.

▶ **콤마 삽입 함수에 기능 추가**

'8.2.3 숫자 값에 콤마 삽입'에서 세 자리마다 콤마를 삽입하는 코드에 대해 살펴 보았다. 이 자체로는 문제가 없지만 콤마 자릿수를 지정할 수 있도록 하기 위해서는 이 값을 파라미터로 받아 패턴에 반영해야 한다.

```
● [소스: comma.js]
```

```javascript
var result, pattern, comma;
comma = function(value, len){
    len = len ? len : 3;
    value = value.toString();
    pattern = new RegExp('(^[+-]?\\d+)(\\d{' + len + '})');

    while (pattern.test(value)){
        value = value.replace(pattern, '$1' + ',' + '$2');
    }
    return value;
}


result = comma(123456789, 4);
show(result);
```

마지막 줄에서 comma 함수의 파라미터에 값(123456789)과 콤마를 삽입할 자릿수 (4)를 지정하고 함수를 호출한다. 그러면 1,2345,6789와 같이 네 자리마다 콤마가 삽입되어 반환된다.

comma 함수 두 번째 줄의 len = len ? len : 3은 자릿수를 지정하지 않았을 때 세 자리로 설정하기 위한 코드다. 이외의 다른 코드는 '8.2.3 숫자 값에 콤마 삽입'에서 다뤘던 코드와 같으나 아래에 작성한 코드가 다르다.

new RegExp('(^[+-]?\\d+)(\\d{' + len + '})');

RegExp 생성자 함수의 파라미터를 +로 구분하면 (문자열 + len + 문자열) 형태가 된다. 여기서 len은 파라미터로 받은 값으로 콤마를 삽입할 자릿수다. 이와 같이 문자열과 변수 값을 합해 패턴을 정의할 때는 생성자 함수의 파라미터에 지정해야 한다. 즉 RegExp 인스턴스를 생성하고 이를 패턴으로 사용해야 한다.

문자열과 값을 조합하여 pattern 변수에 설정하고 pattern.exec('12345')와 같이 호출하면 에러가 나지는 않지만 패턴이 적용되지 않는다.

이렇게 해야 했던 피치 못할 사정이 있었겠지만, 이건 아니다. 데이터 타입에 따라 자동으로 클래스를 인식하고 클래스에 속한 메소드를 호출하는 자바스크립트의 기본 메커니즘에 흠집을 내고 말았다. pattern.exec('12345') 형태가 정상으로 실행돼야 한다. 이 형태는 자바스크립트의 기본 형태다.

위 comma 함수에 허점이 두 개 있다. 첫째, 값을 지정하지 않으면 value.toString( )에서 에러가 발생한다. 둘째, 함수를 호출할 때마다 new RegExp( )를 실행하므로 인스턴스를 매번 생성하게 된다. 이 부분을 함수에 반영하면 소스도 길어지고 본문 내용과 거리가 있어 반영하지 않았다. 이를 독자의 프로그램에 반영하는 것은 독자의 선택 사항이다.

▌ 9.5 인스턴스 생성 후 test( ) 호출

test 메소드는 패턴의 매치 결과를 true 또는 false로 반환한다. '3.6 매치 여부 test( )'에서 test 메소드 기능을 살펴 보았으나 RegExp 인스턴스를 생성하지 않는 형태를 다루었다. 이 절에서는 RegExp 인스턴스를 생성하고 test 메소드를 호출하는 형태를 살펴 본다. test 메소드도 exec 메소드와 마찬가지로 RegExp 인스턴스를 생성하지 않고도 호출할 수 있다.

앞 절의 exec 메소드에서 숫자 값에 콤마를 삽입했지만 이 절에서는 콤마를 삭제하는 코드를 살펴 본다. 콤마를 삭제하기 위해서는 콤마 포함 여부를 체크해야 하는데 test 메소드를 사용하면 쉽게 체크할 수 있다. 이에 대해서도 같이 살펴 본다.

● [문법]

구분	타입	값
패턴	RegExp	패턴, RegExp 인스턴스
파라미터	String	매치 대상
반환	Boolean	매치 결과, true: 매치 성공, false: 매치 실패

● [소스: test.js]

```
var reg = new RegExp(/\w/);
var result = reg.test('123');
show(result);
```

● 생성한 인스턴스 사용

실행 결과	정규 표현식
true	var reg = new RegExp(/\w/); reg.test('123');

RegExp 생성자 함수에 패턴을 지정하여 인스턴스를 생성하고 reg 변수에 설정한다. 이때 생성한 인스턴스에 test 메소드도 설정된다. 따라서 test 메소드의 파라미터에 매치 대상을 지정하고 호출하면 된다. 패턴이 63개 문자를 매치하며 test 메소드의 파라미터에 123을 지정했으므로 매치되어 true가 반환되었다.

● 콤마 삭제

● [소스: remove.js]

```
var removeComma = function(value){
    value = value.toString();
    return /,/.test(value) ? value.replace(/,/g, '') : value;
};
result = removeComma('123,456,789');
```

마지막 줄에서 removeComma 함수의 파라미터에 '123,456,789'를 지정하여 호출하면 콤마를 삭제하여 '123456789'를 반환한다.

return /,/.test(value) ? value.replace(/,/g, '') : value;

test 메소드의 패턴에 /,/g를 지정했으므로 콤마가 하나라도 매치되면 replace 메소드를 실행하며 매치되지 않으면 콤마가 없는 것이므로 파라미터로 받은 값을 그대로 반환한다. 이와 같이 test 메소드를 사용하여 간단하게 콤마 포함 여부를 체크할 수 있다.

9.6 문자열로 변환 toString( )

toString 메소드는 패턴을 문자열로 반환한다. 변수에 설정한 패턴뿐만 아니라 new RegExp( )로 생성한 인스턴스의 패턴도 문자열로 반환한다.

● [문법]

구분	타입	값
패턴	RegExp	패턴, RegExp 인스턴스
파라미터		사용하지 않음
반환	String	패턴을 문자열로 변환한 결과

● [소스: tostring.js]

```
var result, reg;
reg = /\d\//g;
result = reg.toString();
show(result);


reg = new RegExp(/\d\//g);
result = reg.toString();
show(result);
```

● **생성한 인스턴스 사용**

실행 결과	정규 표현식
/\d\/g	reg = /\d\/g; reg.toString( );
/\d\/g	reg = new RegExp(/\d\/g); reg.toString( );

첫 번째 코드와 두 번째 코드의 실행 결과는 같다. 이는 두 형태가 같은 형태로 반환한다는 것을 의미한다. 첫 번째 코드는 패턴을 변수에 설정했으며 두 번째 코드는 RegExp 생성자 함수에 패턴을 지정하여 인스턴스를 생성하고 생성한 인스턴스를 지정했다.

IE, Safari 브라우저는 영문 자판의 역슬래시로 표시하며 Firefox, Opera, Chrome은 한글 자판의 역슬래시로 표시하는 차이는 있지만 패턴을 모두 문자열로 변환하여 반환한다.

▌ 9.7 RegExp 프로퍼티

RegExp 클래스에는 [표 9-3: RegExp 프로퍼티 일람]에서 볼 수 있듯이 global, ignoreCase, multiline, source, lastIndex와 같이 다섯 개의 프로퍼티를 제공한다. 이 프로퍼티는 RegExp 인스턴스를 생성하면 생성한 인스턴스에 상속된다. global, ignoreCase, multiline 프로퍼티는 플래그 지원 여부에 관한 프로퍼티이고 source 프로퍼티는 패턴을 제공하며 lastIndex 프로퍼티는 매치할 위치를 제공한다.

모든 프로퍼티는 삭제, 열거할 수 없으며 lastIndex를 제외한 다른 프로퍼티 값을 수정할 수 없다. lastIndex 프로퍼티만 값을 수정할 수 있다. '3.2 값 추출 match( )'에서 다루었지만 IE 이외 브라우저에서 lastIndex 프로퍼티를 제공하지 않는다. ECMA-262 문서에 match 메소드에서 lastIndex를 제공하지 않는다고 작성되어 있다.

[표 9-3: RegExp 프로퍼티 일람]

프로퍼티	기능
global	플래그 g를 지정하면 true, 아니면 false 반환
ignoreCase	플래그 i를 지정하면 true, 아니면 false 반환
multiline	플래그 m을 지정하면 true, 아니면 false 반환
source	패턴을 문자열로 반환
lastIndex	매치 시작 위치 반환

● [소스: property.js]

```javascript
var reg = new RegExp(/\d/ig);
show(reg.global);
show(reg.ignoreCase);
show(reg.multiline);
show(reg.source);
show(reg.lastIndex);
```

실행 결과	정규 표현식
RegExp 인스턴스	reg = new RegExp(/\d/ig);
true	reg.global
true	reg.ignoreCase
false	reg.multiline
\d	reg.source
0	reg.lastIndex

패턴의 플래그에 ig를 지정했으므로 reg.global과 reg.ignoreCase는 true를 반환하고 reg.multiline은 false를 반환한다. reg.source는 패턴에서 플래그를 제외하고 알맹이만 반환하였다. reg.lastIndex는 0을 반환했는데 이는 매치 대상의 첫 번째부터 매치한다는 것을 의미한다.

패턴을 설정하게 되면 오브젝트가 되므로 여기에 패턴을 추가할 수 없다. 이때 source 프로퍼티를 사용하면 패턴을 문자열로 반환받을 수 있으므로 추가할 패턴을 첨부하여 RegExp 인스턴스를 생성하면 된다. 공통 패턴을 설정한 후 조건에 따라 패턴을 변경할 때 유용하다.

● [소스: source.js]

```
var current = /.*[0-5]/;
var reg = new RegExp(current.source + /[6-9]/.source);
result = 'source37'.match(reg);
show(result);
```

current 변수는 패턴을 설정하게 됨에 따라 오브젝트가 된다. current.source가 패턴을 문자열로 반환하며 이어서 패턴과 source 프로퍼티를 지정하면 이 또한 문자열을 반환하므로 결국 패턴을 결합한 형태가 된다.

위 코드를 실행하면 [source37]이 result 변수에 설정되며 이는 두 개의 패턴을 결합하여 매치한 결과다. 만약 결합되지 않았다면 7은 매치되지 않고 [source3]만 매치된다.

Chapter 10

정규 표현식 활용

지금까지 정규 표현식에 대해 살펴 보았다. 중간 중간에 코드를 다뤘지만 이 장에서는 정규 표현식을 활용하는 코드 중심으로 살펴 본다. 이 장에 게재된 함수는 필자가 개발한 자바스크립트 라이브러리인 MethodChain에서 발췌한 것이다. 실행 환경 차이로 인해 똑같지는 않지만 중심이 되는 코드는 같다.

정규 표현식은 모범 정답이 없다고 할 수 있다. 이는 정규 표현식이 경우 수에 따라 요동치기 때문이다. 어떤 때는 전부 매치했다가 어떤 때는 일부 매치한다. 물론 완벽하게 이해한다면 이에 대응하는 정규 표현식을 만들 수 있지만 에러가 나야 아는 경우도 있다.

따라서 되도록 간단하고 짤막하게 접근하는 것이 최선이라고 할 수 있다. 정규 표현식으로 모든 것을 해결하지 말고 명료하게 정리되는 부분은 정규 표현식으로 구현하고 다른 부분은 자바스크립트로 구현한다. 이를 잘 혼합해서 사용하면 요동치는 정규 표현식을 바로 잡을 수 있다. 언제나 의도했던 대로 결과를 얻을 수 있다.

살펴볼 함수에 파라미터가 문자열이 아닌 경우 문자열로 변환하는 코드가 포함되지 않았으며 값을 지정하지 않은 것을 체크하는 코드도 포함되지 않았다. 이는 되도록 정규 표현식과 관련된 코드를 게재하기 위해서다. 따라서 본문의 함수를 실행하려면 반드시 파라미터에 문자열로 값을 지정해야 한다.

10.1 값 전체 영문자 체크

파라미터에 지정한 값 전체가 영문 대소문자인 것을 체크한다. 영문 대소문자이면 true를 반환하고 아니면 false를 반환한다.

● [소스: isAlpha.js]

```
var result, isAlpha;
isAlpha = function(value){
    var pattern = /^[a-zA-Z]+$/;
    return pattern.test(value);
}
result = isAlpha('abcDE');
show(result);
```

isAlpha 함수의 파라미터에 'abcDE'와 같이 영문 대소문자를 지정하고 호출하면 true가 반환된다. 이 함수의 pattern에 설정된 패턴은 아래 [표 10-1: 영문자 체크]와 같이 분리할 수 있다.

[표 10-1: 영문자 체크]   /^[a-zA-Z]+$/;

패턴 문자	기능
^	첫 문자에 매치
[a-zA-Z]	영문 대소문자 매치
+	하나 이상에 매치
$	끝 문자에 매치

매치 대상 첫 문자(^)가 영문 대소문자이어야 한다. 영문 대소문자가 하나 이상 매치되어야 하며 마지막 문자까지 영문 대소문자이어야 매치된다.

isAlpha('abc7');

isAlpha 함수의 파라미터에 'abc7'과 같이 숫자 값을 포함해서 지정하고 호출하면 false가 반환된다. 이는 7이 영문 대소문자가 아니기 때문이다. 7이 숫자 값이기 때문이라고 해석하는 것은 패턴에 맞지 않는다. 패턴은 영문 대소문자를 매치하는 것이지 숫자를 매치하는 것이 아니기 때문이다. 한글도 영문 대소문자가 아니다.

만약 /^[a-zA-Z]+/와 같이 패턴의 마지막에 $를 지정하지 않고 'abc7'을 지정하면 true가 반환된다. 왜냐하면 abc가 캐럿(^)과 더하기(+)에 매치되기 때문이다. 마지막 7은 7 앞까지 영문 대소문자를 하나 이상 매치하라는 역할을 하게 된다. 즉 7은 매치를 매듭짓는 위치이며 영문 대소문자 체크에 영향을 미치지 않는다.

10.2 단위 체크 및 설정 (12px)

width 프로퍼티는 엘리먼트의 넓이를 결정짓는 CSS 프로퍼티로 width에 값을 설정할 때에는 '12px'와 같이 단위(픽셀: pixel)도 같이 지정해야 한다. 그런데 이 값을 직접 지정하지 않고 다른 경로를 통해 받는다면 단위의 포함 여부를 체크하여 포함돼 있지 않다면 단위를 첨부해야 한다. 이 절에서는 이와 관련된 정규 표현식을 살펴 본다.

● [소스: setUnit.js]

```javascript
var result, setUnits;
setUnits = function(value) {
    pattern = /^\d+$/;
    return pattern.test(value) ? value + 'px' : value;
}


result = setUnits(12);
```

```
show(result);


result = setUnits('16em');
show(result);
```

setUnits 함수의 파라미터에 12를 지정하고 함수를 호출하면 '12px'가 반환된다. 이 함수의 pattern에 설정된 패턴은 아래 [표 10-2: 단위 체크]와 같이 분리할 수 있다.

[표 10-2: 단위 체크]   /^\d+$/;

패턴 문자	기능
^	첫 문자에 매치
\d	숫자 매치
+	하나 이상 매치
$	끝 문자에 매치

매치 대상 첫 문자부터 끝 문자까지 모두 숫자 값이어야 매치로 처리한다. 반드시 하나 이상(+) 매치를 지정한 것은 값을 지정하지 않았을 때 'px'가 반환되는 것을 방지하기 위함이다.

setUnits('16em')으로 실행하면 16em이 반환된다. 이는 파라미터 값에 숫자 이외의 값이 포함되어 있으므로 지정한 값을 그대로 반환하기 때문이다.

10.3 <script></script> 블록 제거

<script> 안에 작성한 코드를 실행하면 코드 전체가 실행된다. 해킹을 거론하는 것은 너무 거창하지만, 정규 표현식을 사용해서 문자열에 작성한 <script></script> 및 이 안에 작성한 내용을 전부 제거할 수 있다.

● [소스: stripScripts.js]

```javascript
var result, stripScripts;
stripScripts = function(value) {
    var pattern = /<script[^>]*>((\n|\r|.)*?)<\/script>/img;
    return value.replace(pattern, '');
},

result = stripScripts('<script type="text/javascript">var a = 123;</script>
script 이외');
show(result);


result = stripScripts('<script></script><script></script>script 두 개 작성');
show(result);
```

stripScripts 함수의 파라미터에 코드에서와 같이 <script>가 포함된 문자열을 지정하고 함수를 호출하면 'script 이외'가 반환된다. 이 함수의 pattern에 설정된 패턴은 아래 [표 10-3: script 블록 제거]와 같이 분리할 수 있다.

[표 10-3: script 블록 제거] /〈script[^〉]*〉((\n|\r|.)*?)〈\/script〉/img;

패턴 문자	기능
〈script	문자열 '〈script' 매치
[^〉]	〉 이외 문자 매치
*	없거나 하나 이상에 매치
(\n|\r|.)	줄 바꿈 또는 아무 문자에 매치
(*?)	없거나 하나만 매치
〈\/script〉	문자열 '〈/script〉'에 매치
img	플래그 img

<script[^>]*>

<script 문자열에 매치하고 다음에 > 이외의 문자가 없거나 하나 이상에 매치하며 이어서 >에 매치한다. 따라서 <script>도 매치되고 <script type="text/javascript">도 매치된다.

((\n|\r|.)*?)

깊은 괄호에서 줄 바꿈(\n|\r) 또는 문자가 하나라도 있을 때 매치(.)되며 밖 괄호에서 욕심 없는 패턴(*?)을 적용하여 매치된 값이 없어도 매치되며 매치된 값이 있으면 한번만 매치한다. 따라서 '<script>var a = 123;'</script>와 같이 문자열을 작성해도 매치되고 <script></script> 사이에 문자열을 작성하지 않아도 매치된다. (*?)를 사용해 연속해서 매치되지 않도록 했다.

<\/script>

역슬래시(\/)를 사용했으므로 패턴의 종료를 나타내는 /가 아닌 슬래시(/) 문자로 인식된다. 따라서 </script>에 매치하게 된다.

/img

영문 대소문자를 무시하고 모든 줄에 글로벌로 매치한다. 따라서 아래와 같이 <script></script>를 다수 작성하더라도 <script></script> 및 이 사이에 작성한 문자열이 모두 제거된다. '<script></script><script></script>script 두 개 작성'을 실행하면 'script 두 개 작성'이 반환된다.

10.4 〈script〉〈/script〉를 분리하여 값 추출

앞 절에서 <script></script> 및 그 사이에 포함된 문자열을 모두 제거했지만 이 절에서는 <script>와 </script>만 제거하고 그 안의 문자열과 밖의 문자열을 분리하여 추출하는 코드를 살펴 본다. 이를 위한 패턴은 앞 절과 같으며 replace 메소드를 사용하는 점이 다르다. 이를 통해 패턴과 자바스크립트를 융합해서 사용하는 형태와 자바스크립트의 arguments 프로퍼티로 캡처한 결과를 추출하는 형태를 볼 수 있다.

● [소스: splitScripts.js]

```javascript
var splitScripts = function(value) {
    var pattern = /<script[^>]*>((\n|\r|.)*?)<\/script>/img;
    this.outer = value.replace(pattern, function(){
        this.inter = arguments[1] + '\n';
        return '';
    });
}


splitScripts('<script type="text/javascript">var a = 123;</script>script 이외');
show(this.outer);
show(this.inter);
```

splitScripts 함수의 파라미터에 문자열 값을 지정하고 호출하면 실행 결과가 this.outer와 this.inter에 설정된다. 여기서 this는 splitScripts 함수를 전역 변수에 설정했으므로 Window 오브젝트를 가리키게 된다.

show(this.outer)를 실행하면 'script 이외'가 출력되며 이는 '</script>script 이외'에서 볼 수 있듯이 </script> 밖에 작성한 문자열이다. show(this.inter)를 실행하면 'var a = 123;'이 출력되며 이는 <script>var a = 123;</script>에서 볼 수 있듯이 <script>와 </script> 사이에 작성한 문자열이다. 계속해서 함수에 작성한 코드를 분석해 본다.

this.outer = value.replace(pattern, function(){

  return '';

});

function( )에서 빈 문자열('')을 반환하므로 function을 정리하면 this.outer =

value.replace(pattern, '') 형태가 된다. 따라서 value에 pattern을 매치하고 매치된 값을 ''로 치환하면 앞 절에서 보았듯이 'script 이외'만 반환한다. 즉 'script 이외'가 this.outer에 설정된다.

this.inter = arguments[1] + '\n';

이제 남아있는 것은 위 코드다. 우선 이 코드를 실행하면 'var a = 123;'이 this.inter 에 설정된다. 이는 <script>와 </script> 사이에 작성된 문자열이며 [1]은 첫 번째로 캡처된 인덱스를 참조한다. 즉 RegExp.$1과 같다. this.inter = RegExp.$1 + '\n';과 같이 작성해도 같은 결과를 얻을 수 있다.

arguments 프로퍼티의 0번 인덱스에는 패턴 전체의 매치 결과가 설정되며 1번부터 괄호( )로 캡처된 값이 설정된다. 계속해서 1번 인덱스에 설정되는 캡처 과정을 다시 살펴 본다.

((\n|\r|.)*?)

깊은 괄호에서 줄 바꿈 또는 문자가 있으면 매치되며 이 매치는 패턴에 작성한 </script> 이전까지 연속된다. 따라서 'var a = 123;'가 깊은 괄호에서 캡처 된다. 이 값에 최소 매치(*?)가 적용되므로 밖의 괄호로 캡처되는 값은 ';'다. 즉 arguments[2] 로 추출하면 ';'가 반환된다. 한편 <script></script>를 지정하면 arguments[1]과 arguments[2]에 ''가 설정된다.

자바스크립트와 정규 표현식을 융합해서 이와 같이 괜찮은 코드를 만들 수 있다. 특히 replace 메소드의 두 번째 파라미터에 함수를 지정할 수 있다는 점과 반환된 값을 사용할 수 있다는 점은 replace 메소드 사용에 있어 운신의 폭을 넓게 만든다. 지금까지 정규 표현식에 대해 적지 않은 비평을 했지만 이 메소드는 멋있다. 자바스크립트의 특징을 최대한 살리려고 노력한 흔적이 보인다.

10.5 엘리먼트에서 class name 제거

엘리먼트의 className 프로퍼티에 설정된 클래스 이름을 지우고 추가하는 것은 다양한 유저 인터페이스(User Interface)를 구현함에 있어 필수라고 할 수 있다. 물론 CSS 프로퍼티를 사용해서 이를 구현할 수 있지만 클래스 이름을 사용하는 것은 또 다른 의미와 목적을 갖는다. 즉 클래스의 구조화다.

구조화된 클래스는 자바스크립트 코드를 간결하게 만든다. 자바스크립트로 조건을 지정하지 않고도 클래스 구조에 따라 자동으로 HTMLElement에 클래스가 반영되거나 반영되지 않도록 할 수 있다. 클래스 속성 값을 상속받을 수도 있다. 이에 대해 다루기 시작하면 글이 길어진다. 필자가 이 정도 운을 띄웠으니 다음은 독자의 몫이다.

이 절에서는 엘리먼트의 className 프로퍼티에서 클래스 이름을 제거하는 정규 표현식을 살펴 본다. 정규 표현식을 중심으로 다루기 위해 다음과 같은 전제 조건이 만족되었다고 가정한다. 전제 조건을 제시하는 것은 제시된 내용이 자바스크립트 영역이기 때문이다.

- HTMLElement을 만들기 위한 엘리먼트 id가 존재한다.
- HTMLElement의 className에 다수의 클래스 이름이 작성되어 있다. 하나만 작성한 경우에는 HTMLElement.className = "으로 하면 지워지므로 패턴 사용의 의미가 약하다.
- 파라미터에 클래스 이름을 문자열로 지정했다. 이는 다수의 클래스 이름을 지정할 수 없음을 의미하며 함수를 호출할 때마다 클래스 이름을 하나만 지울 수 있다는 뜻이 된다.

```
● [소스: removeClass.js]
```

```
div#regClass 엘리먼트에 아래와 같이 클래스 이름이 지정되어 있다.
<div id="regClass" class="oneClass twoClass lastClass"></div>

var removeClass = function(cn, el){
    var pattern = new RegExp('(?:^|\\s+)' + cn + '(?:\\s+|$)');
    el.className = el.className.replace(pattern, ' ');
}


var node = document.getElementById('regClass');
show(node.className);


removeClass('twoClass', node);
show(node.className);
```

div#regClass로 엘리먼트 오브젝트를 생성하여 node 변수에 설정한 후 node.class
Name으로 엘리먼트에 설정된 className을 출력하면 'oneClass twoClass
lastClass'가 출력된다. 즉 세 개의 클래스 이름을 작성한 것이다.

removeClass 함수의 파라미터에 클래스 이름('twoClass')과 엘리먼트 오브젝트
(node)를 지정하고 함수를 호출하면 엘리먼트 오브젝트(node)의 className 프로퍼
티에서 'twoClass'를 제거한다. 마지막 줄의 show(node.className)를 실행하면
'oneClass lastClass'가 반환되는데 이는 twoClass가 삭제된 것을 의미한다.

이 함수의 pattern에 설정된 패턴은 다음 [표 10-4: class name 제거]와 같이 분리할
수 있다. 계속해서 pattern에 설정된 패턴을 살펴 본다.

[표 10-4: class name 제거] new RegExp('(?:^|\\\\s+)' + cn + '(?:\\\\s+|$)');

패턴 문자	기능
	new RegExp( );
(?:)	캡처하지 않음
^|\\\\s+	첫 문자 또는 보이지 않는 문자에 하나 이상 매치
cn	파라미터로 받은 class name
(?:)	캡처하지 않음
\\\\s+|$	하나 이상의 보이지 않는 문자 또는 끝 문자에 매치

new RegExp(/*패턴*/);

문자열과 파라미터를 받은 값을 조합해야 하므로 RegExp 생성자 함수를 사용해야
한다.

(?:^|\\\\s+)

값이 매치되더라도 캡처하지 않는다. 이는 캡처된 값이 반환되지 않도록 하기 위함이
며 최종 매치 결과만 반환하기 위함이다.

<div class = "oneClass twoClass lastClass">

첫 문자에 매치한 것은 className 프로퍼티 처음에 작성된 클래스 이름을 매치하기
위함이다. 위 태그에서 'oneClass'가 해당된다. 위 태그에서 oneClass가 매치되면 이
값을 replace 메소드에서 ' '으로 치환하므로 공백이 하나 생긴다. 한편 oneClass와
twoClass 사이에 공백이 있으므로 공백이 두 개 된다. 하지만 이 사이의 공백은 이어
진 (?:)에서 매치되므로 최종적으로 하나가 설정된다.

한편 첫 문자가 아닐 때 반드시 하나 이상의 보이지 않는 문자에 매치한 것은 class 클
래스 이름 앞에 작성한 공백을 매치하기 위함이다. 즉 클래스 이름이 className 프
로퍼티 가운데에 작성된 것을 매치한다. 위 태그에서 'twoClass'가 해당된다.

(?:\\\s+|$)

값이 매치되더라도 이를 캡처하지 않는다. 이 이유에 대해서는 위에서 설명했다. 반드시 하나 이상의 공백 문자에 매치한 것은 뒤에 작성된 클래스 이름 앞까지 매치하여 공백을 하나만 설정하기 위함이다. 끝 문자에 매치한 것은 마지막에 작성된 클래스를 매치하기 위함이다.

지금까지 살펴 보았듯이 정규 표현식을 사용해서 간단하게 클래스 이름을 지울 수 있다. 물론 자바스크립트 코드만으로 클래스 이름을 삭제할 수 있지만 그러면 코드가 길어진다.

10.6 역동적으로 RegExp 인스턴스 생성

지금까지 고정된 패턴을 지정해서 매치했다. 한편 고정된 패턴이 아닌 환경에 따라 패턴을 역동적으로 생성하여 매치한다면 가용성이 한층 더 높을 것이다. 이 절에서는 매치 기준을 지정하여 패턴을 만드는 방법을 살펴 본다. 사실 패턴을 만드는 것은 너무 쉽고 간단하다. 그런데 이를 다루는 것은 또 다른 면이 있기 때문이다.

만약 독자가 정규 표현식을 처음 접하거나 기초가 없다면 역동적으로 패턴을 만들어서 사용하겠다는 생각 자체를 하기 어렵다. 왜냐하면 정규 표현식을 익히는데 중점을 두기 때문이다. 그래서 기초가 중요하며 기초가 쌓였을 때 또 다른 생각을 할 수 있다. 즉 창조력과 응용력이 생긴다. 이 장에서 다룰 내용은 너무 쉽지만 이렇게 할 수 있다는 생각 자체를 하는 것이 더욱 중요하다.

```
● [소스: setLimit.js]
var result, pattern;
var setLimit = function(digit, dec, negative){
    var check = digit + '';
    if (dec){
        check += ('\\.');
    }
    if (negative){
        check += '-';
    }
    return new RegExp('[' + check + ']');
}


pattern = setLimit('0123456789', true, true);


result = pattern.test('1');
show(result);


result = pattern.test('.');
show(result);


result = pattern.test('a');
show(result);
```

setLimit 함수는 파라미터로 받은 값으로 패턴을 조합하여 RegExp 인스턴스를 생성하고 이를 반환한다. 반환된 RegExp 인스턴스는 /[0123456789\.-]/ 형태의 패턴을 갖는다. 즉 숫자 값을 체크하기 위한 패턴이다. 필요에 따라 12345만 지정할 수도 있으며 숫자가 아닌 영문자를 지정하여 패턴을 만들 수도 있다. setLimit 함수의 파라미터에 지정한 값을 기준으로 함수에 작성한 코드를 살펴 본다.

var check = digit + '';

첫 번째 파라미터로 받은 '0123456789'를 check 변수에 설정한다. 파라미터 값에 + ''를 한 것은 파라미터 값이 숫자 타입인 경우 문자열 타입으로 변환하기 위함이다. 자바스크립트는 숫자 타입과 문자 타입을 +로 연결하면 문자 타입이 된다.

if (dec){
    check += ('\\.');
}

두 번째 파라미터에 true를 지정하면 소수점 사용을 의미한다. 한편 소수점이 패턴 문자로 인식되지 않도록 해야 하며 RegExp 생성자 함수에 조합한 문자열을 지정하게 되므로 역슬래시를 두 개 사용해야 한다.

if (negative){
    check += '-';
}

세 번째 파라미터에 true를 지정하면 음수(-) 기호 사용을 의미한다. 음수 기호가 구간을 나타내는 패턴 문자이지만 음수 기호 앞과 뒤에 값이 없으면 문자로 인식되므로 역슬래시를 사용하지 않아도 된다. 여기까지 실행하면 '0123456789.-'가 check 변수에 설정된다.

return new RegExp('[' + check + ']');

RegExp 생성자 함수의 파라미터 값은 '[0123456789.-]'가 된다. 즉 숫자, 소수점, 음수 기호는 매치되고 이외 문자는 매치되지 않는다. 생성한 RegExp 인스턴스가 반환되어 pattern 변수에 설정된다.

pattern.test('1');

pattern.test('.');

pattern.test('a');

첫 번째 코드와 두 번째 코드는 true를 출력하고 세 번째 코드는 false를 출력한다. 세 번째 코드에서 false가 반환되는 것은 파라미터에 지정한 'a'가 패턴에 매치되지 않기 때문이다.

지금까지 보았듯이 패턴을 만드는 것은 어렵지 않다. 중요한 것은 패턴을 만드는 것 자체를 생각해내는 응용과 창조다. 이는 기초가 튼튼할 때 가능하며 기초 정도에 따라 코드의 깊이와 넓이가 달라진다.

깊이와 넓이

깊이와 넓이는 필자가 항상 마음에 간직하고 있는 단어입니다.

이제 여기서 글을 마치려고 합니다.

끝까지 같이 해주신 독자에게 감사의 마음을 전합니다.

항상 행복한 나날이 되시기를 기원합니다.

기본 원리를 완전 분석한

자바스크립트
정규 표현식

초판 1쇄 발행 : 2010년 5월 10일

지은이	김영보
발행인	최규학

기획 · 진행	고광노
마케팅	최복락
교정 · 교열	이영선
편집디자인	늘푸른나무
표지디자인	코리아하우스

발행처	도서출판 ITC
등록번호	제8-399호
등록일자	2003년 4월 15일

주소	경기도 파주시 교하읍 문발리 파주출판단지 세종출판벤처타운 307호
전화	031-955-4353(대표)
팩스	031-955-4355
이메일	itc@itcpub.co.kr

용지 신승지류유통   인쇄 예림인쇄   제본 문종제책사

ISBN-10 : 89-6351-016-6
ISBN-13 : 978-89-6351-016-3

값 19,000원

www.itcpub.co.kr